銀河

ニュートン超図解新書

最強に面白い

はじめに

　夜空には，たくさんの星が輝いています。その中でも，「天の川」とよばれる帯状の領域には，とくに多くの星が集中しています。なぜ天の川に多くの星が集中しているのか，不思議に感じたことがある人もいるのではないでしょうか。

　実は天の川は，私たちの「銀河」を，銀河の内側から見た姿です。私たちの銀河は，無数の星からなる，薄い円盤のようなものだと考えられています。この薄い円盤を，円盤の中から円盤の縁に向かって360度ぐるりと見たものが，夜空を横切る帯状の天の川なのです。

本書は,私たちの銀河の姿から,夜空を彩る星々と星座,そして私たちの銀河で数十億年後におきると予測されている大事件まで,銀河のすべてをゼロから学べる1冊です。"最強に"面白い話題をたくさんそろえましたので,どなたでも楽しく読み進めることができます。どうぞお楽しみください！

ニュートン超図解新書

最強に面白い
銀河

第1章
銀河の姿を見てみよう

1 天の川は, 内側から見た円盤だった… 14

2 私たちの銀河は, 渦巻模様！… 17

3 銀河系は, 中心以外は薄っぺらい… 20

4 ハーシェル
「星の数から宇宙の形を推理しよう」… 23

5 ハーシェル
「宇宙は, 円盤の形をしている！」… 26

6 ハーシェルが見た宇宙は,
実は銀河系だった… 30

コラム 天の川は，母乳の道 … 34

7 銀河の形は，3パターンに分類できる … 36

8 状況証拠からして，銀河系は円盤状 … 39

9 銀河系の直径は，
ざっくりとしかわかっていない … 42

コラム 博士！教えて!! 銀河系軍団って何？ … 46

10 銀河系の渦巻模様は，ガスの模様だった … 48

11 銀河系の中心に，棒があるのかないのか … 51

12 銀河系の中心に，
巨大ブラックホールがある … 54

13 銀河系は，謎の物質で包まれている … 58

4コマ ハーシェルの天王星発見 … 62

4コマ 宇宙の奥行きを推定 … 63

第2章
銀河系の星と星座

1 肉眼で見える星は，たったの数千万分の1… 66

2 星座は，夜空にはりついているように
見える… 69

コラム ボツにされた「アルゴ座」… 72

3 はくちょう座は，
横から見ると白鳥ではない… 74

4 北斗七星は将来，ぐにゃぐにゃに変形する… 77

5 北極星は交代制！ やがて別の星が北極星に… 80

コラム 博士! 教えて!!
死兆星ってあるの?… 84

6 となりの星までは，光で行っても4.2年… 86

7 明るく見える星は，
だいたい近いところにある… 90

8 星座の星や星団は，銀河系の腕の中にある… 94

9 銀河系の円盤は，めくれているかも… 98

| 4コマ | 三角法の父，ヒッパルコス … 102 |
| 4コマ | 数々の偉業 … 103 |

第3章
銀河は衝突して進化する

1	銀河系とアンドロメダ銀河が，急接近中！… 106
2	二つの銀河は，衝突して巨大銀河になる … 109
3	宇宙では，100個に1個の銀河が衝突中 … 112
4	銀河が衝突しても，星と星はぶつからない … 115
5	銀河の衝突時，星は秒速数百キロですれちがう … 118
6	星はすれちがえても，ガスは無理 … 121
コラム	銀紙 … 124
7	銀河と銀河を衝突させる，黒幕がいる … 126
8	銀河衝突の黒幕は，「ダークマター」だった！… 130

9 星も銀河も,ダークマターのおかげで生まれた… 134

10 銀河系とアンドロメダ銀河は,もう衝突してる説… 138

11 ダークマターと銀河が,宇宙に泡をつくった… 142

12 銀河どうしは,どんどん合体!… 145

4コマ ツビッキーの見えない物質… 148

4コマ 球形のろくでなし… 149

第4章 銀河がつくる泡

1 宇宙は,銀河の泡でできている!… 152

2 どこまで行っても銀河の泡… 155

3 銀河がどう散らばっているかは,謎だった… 158

4 スティックマンやグレートウォールを発見… 161

5 奥につづいていたグレートウォール… 164

コラム 博士！教えて!!
いったい銀河は何個あるの？… 168

6 銀河の泡に，種がみつかった！… 170

7 物質のムラが，銀河の泡に成長した… 174

8 銀河の泡は，ダークマターの泡でもある… 178

9 先に集まりはじめたのは，ダークマター… 181

コラム 宇宙文明の数… 184

10 宇宙誕生直後の急膨張が，
種をつくったらしい… 186

11 銀河の泡が，この先どうなるかは知らない… 189

さくいん… 192

【本書の主な登場人物】

ウィリアム・ハーシェル
(1738〜1822)
ドイツ出身のイギリスの天文学者。
天王星をはじめ、2500の星雲、800の二重星などを発見した。

中学生

カタツムリ

第1章

銀河の姿を
見てみよう

私たちの住む銀河は，太陽を含むたくさんの恒星が集まってできたものです。銀河は，どのような姿をしているのでしょうか。第1章では，銀河の姿について紹介します。

1 天の川は，内側から見た円盤だった

ぼんやりと輝く天の川は，無数の星の集団

　夜空に横たわる天の川は，昔から人々の興味をかきたてる，とても不思議な存在でした。

　天の川の正体は何かという問いに，はじめて科学的な答えをあたえたのは，天文学の父ともいわれる，イタリアの物理学者で天文学者のガリレオ・ガリレイ（1564 ～ 1642）です。1609年，ガリレオは発明されたばかりの望遠鏡を使い，ぼんやりと輝く天の川が，無数の星の集団であることを突き止めました。

第1章 銀河の姿を見てみよう

1 天の川の正体

私たちの住む銀河は、「銀河系」あるいは「天の川銀河」といいます。イラスト中央に、銀河系を半透明でえがきました。また、周囲を取り巻く黒い壁は、地球から見渡した夜空のイメージです。銀河系の内部にある地球から見た銀河系の姿が、天の川の正体です。

幅広く濃い天の川は、銀河の中央にあるバルジを見通した姿です。

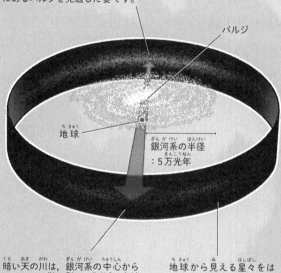

バルジ

地球

銀河系の半径：5万光年

暗い天の川は、銀河系の中心からはなれた、星が少ない領域を見通した姿です。

地球から見える星々をはりつけた天球の一部です。

私たちの住む銀河は，目玉焼きのような姿

　その後，さまざまな観測が重ねられ，天の川の詳細な構造がしだいに明らかになってきました。15ページのイラストが，天の川の正体である銀河の，現在わかっている姿です。私たちの住む銀河は，「銀河系」あるいは「天の川銀河」といいます。

　銀河系は，私たちの太陽を含む1000億〜数千億個もの恒星が集まった「棒渦巻銀河」です。中央がふくらんだ円盤形で，目玉焼きのような姿をしています。

　夜空の光の帯，天の川は，このような銀河系を内部から見通した姿なのです。

天の川は，天球をぐるりと1周つながっているんだね。

第1章　銀河の姿を見てみよう

2 私たちの銀河は，渦巻模様！

銀河系の中心には，棒がある

　銀河系の姿を見てみましょう。18 ～ 19ペー
ジのイラストは，銀河系を斜め上の方向から見た
場合の想像図です。**銀河系を形づくる第1の素材
は，太陽のような恒星です。無数の恒星たちが，
円盤のような形に分布しています。**銀河系の円
盤部分には渦巻きのような模様があり，外からな
がめると，きっとこのように美しく見えるはず
です。

　銀河系の中心のふくらみは，「バルジ」とよば
れています。銀河系のバルジの形が球に近いの
か，「棒状構造」とよばれる円柱状なのか，議論
されてきました。近年の研究によって，銀河系
の中心に棒があるのはほぼまちがいないと考え
られています。

17

太陽は，銀河系の中心から2万7000光年の距離

銀河系の直径は，10万光年にもおよびます。1光年とは，秒速約30万キロメートルで進む光が，1年間に進む距離のことです。私たちの太陽は，

2 斜め上から見た銀河系

太陽の位置

第1章　銀河の姿を見てみよう

銀河系の中心から2万7000光年の距離にあります。太陽は，近くの星々といっしょに，ぐるぐると1周2億年ほどかけて，銀河系中心のまわりを周回していると考えられています。

注：銀河系の中心から太陽までの距離は，諸説あります。

イラストは，銀河系を斜め上の方向から見た場合の想像図です。円盤には渦巻き模様があり，中心部のふくらみは，横にした円柱のような形をしています。

19

3 銀河系は、中心以外は薄っぺらい

円盤の厚みは、太陽の位置付近で2000光年

今度は、銀河系を横から見てみましょう。下のイラストは、銀河系を真横から見た場合の想像図

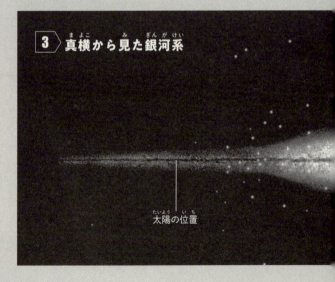

3 真横から見た銀河系

太陽の位置

第1章 銀河の姿を見てみよう

です。

銀河系の円盤の厚みは，太陽の位置付近で2000光年，中心部分で1.5万光年ほどです。10万光年とされる直径を考えると，円盤はかなり薄いことがわかります。

中央は，黒くすきまがあいているように見えます。しかし，星が無いわけではありません。濃いちりが，奥からやってくる光をさえぎるために，暗く見えています。

銀河系を，真横から見た想像図です。銀河系の直径が約10万光年であるのに対して，中心部の厚さは1.5万光年，太陽付近の厚さは2000光年ほどです。

一つの球状星団には，数十万個の星が密集

銀河系の円盤のまわりには，「球状星団」とよばれる星のかたまりが，150個ほど確認されています。一つの球状星団には，数十万個の星が密集しています。20〜21ページのイラストでは，明るい粒としてえがかれています。

球状星団は，銀河系の円盤を包みこむように散らばっています。円盤からかなりはなれたところにも存在していて，イラスト中にすべてがえがかれているわけではありません。

現在では，円盤はたわんでいると考えられているのだ（くわしくは第2章98〜101ページで説明します）。

第1章　銀河の姿を見てみよう

4 ハーシェル「星の数から宇宙の形を推理しよう」

星が多いか少ないかによって、奥行きを推定

　星の世界は、どんな形に広がっているのでしょうか。この疑問に対してはじめて科学的な調査が行われたのは、18世紀後半のことです。まだ「銀河系」という概念など存在せず、夜空に見える天体が宇宙のすべてだった時代です。

　イギリスの天文学者のウィリアム・ハーシェル（1738〜1822）は、みずから開発、製作した望遠鏡で、さまざまな方向の星の数を数えました。当時、星までの距離を計測する方法はありませんでした。そのためハーシェルは、一定面積あたりの星が多いか少ないかによって、その方向の宇宙の奥行きを推定しようとしました。

23

星の分布にかたよりはないことなどを仮定した

ハーシェルは調査を行う際,すべての星の真の明るさは等しいこと,星の分布にかたよりはなく平均的に散らばっていること,宇宙の端まで見通せていること,の三つの仮定をしています。ハーシェル自身,この仮定が厳密にはなりたたないことには気づいていたものの,当時の技術や知識では解決できない問題でした。

実際のハーシェルの観測では,各領域の大きさは満月の半分程度だったツムリ。

第1章 銀河の姿を見てみよう

4 ハーシェルの調査方法

イラストは,ハーシェルが行った調査のイメージです。地上から見ると,星は天球にはりついているように見えます。ハーシェルは,望遠鏡で天球の一定面積の領域ごとに星を数えて,その数からその方向の奥行きを推定しました。

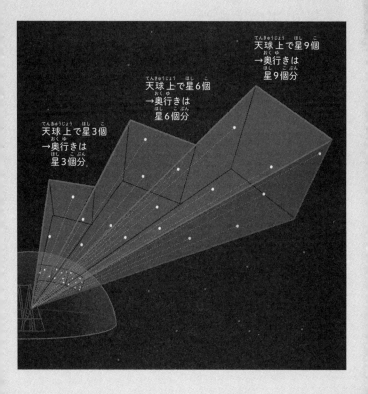

5 ハーシェル「宇宙は, 円盤の形をしている！」

天の川の方向は, 遠くまで奥行きがある

前のページで紹介した方法を使って, ハーシェルが683の領域を調査したところ, 宇宙はやや厚めの円盤状の形をしているという結論が得られました。

28 〜 29ページのイラストは, ハーシェルが考えた宇宙を, 太陽の位置を通るように切った断面図です。天の川の方向は, 星がたくさん見えるため, その方向はより遠くまで奥行きがあるという結果になったのです。

第1章 銀河の姿を見てみよう

当時は，銀河系という概念はまだなかった

ハーシェルの方法は，厳密さには欠けていました。しかし，現代の銀河系像の基礎は，ハーシェルによってつくられました。

ハーシェルが観測できたのは，銀河系の中でも星の光が届く一部の範囲に限られました。それでも，銀河系が基本的には円盤構造であることを，みごとにいい当てたのです。

ただ当時は，銀河系という概念はまだありませんでした。ハーシェル自身は，宇宙全体の形をはかっているつもりだったと考えられています。

ハーシェルが考えた宇宙の形は，実は銀河の形だったんだね。

5 ハーシェルが考えた宇宙

イラストはハーシェルが考えた宇宙を,太陽の位置を通るように切った断面図です。ハーシェルは,太陽が宇宙のほぼ中心にあると考えました。これは,ちりやガスの影響で,可視光線を観測できる範囲が限られていることと関係しています。

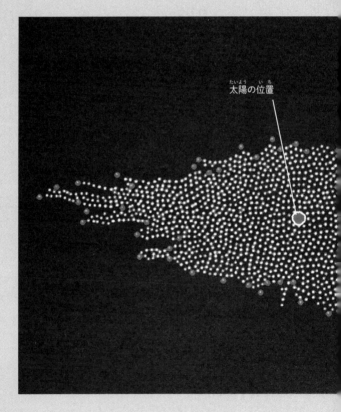

太陽の位置

第1章 銀河の姿を見てみよう

ちりがとくにたくさん集まった「暗黒星雲」の部分は星が見えにくいから,ハーシェルのモデルには不自然な「切れこみ」ができているツムリ。

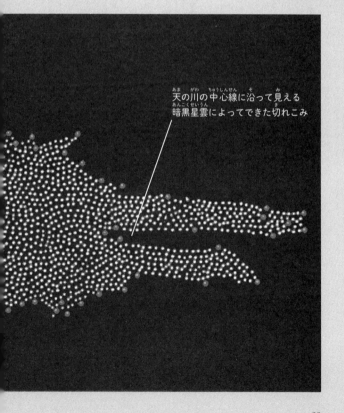

天の川の中心線に沿って見える暗黒星雲によってできた切れこみ

6 ハーシェルが見た宇宙は、実は銀河系だった

渦巻き模様をもつ星雲が、多数発見された

夜空には、恒星とは明らかにことなる「星雲」が見えます。恒星は、輝く点にしか見えません。一方で星雲は、ぼんやりと雲のように広がっています。20世紀初頭までに、渦巻模様をもつ星雲が、多数発見されました。しかし当時は、その正体がわかりませんでした。

1920年、のちに「天文学の大論争」とよばれる討論が、アメリカ国立科学院の年会で行われました。渦巻き模様をもつ星雲が、私たちの恒星の集団（銀河系）の中にある天体なのか、それとも遠くはなれた天体なのかという議論です。

第1章 銀河の姿を見てみよう

6 銀河系と周辺の銀河

銀河系と、銀河系の周辺にある大マゼラン雲、小マゼラン雲、アンドロメダ銀河をえがきました。手前側にある大マゼラン雲は大きく見え、奥側にあるアンドロメダ銀河は小さく見えています。

銀河系
直径約10万光年の棒渦巻銀河です。

大マゼラン雲
地球から約16万光年はなれたところにある、大きさ約2万光年の小さな銀河です。

小マゼラン雲
地球から約20万光年はなれたところにある、大きさ約1万5000光年の小さな銀河です。

アンドロメダ銀河
地球から約250万光年はなれたところにある、直径約15〜22万光年の渦巻銀河です。

アンドロメダ星雲は、別の銀河だった

アメリカの天文学者のエドウィン・ハッブル(1889〜1953)は、1924年、アンドロメダ星雲が銀河系の外にある天体であることを発見しました。アンドロメダ星雲は、銀河系とは別の銀河だったのです。

こうして、宇宙は銀河系の外に広がっており、銀河系と同じような銀河がたくさんあることが明らかになりました。ハーシェルが見た宇宙は銀河系であり、数ある銀河のうちの一つだったのです。

ハッブルの発見により、人類が知る宇宙の大きさは、100倍、1000倍と広がっていくことになったのだ。

第1章　銀河の姿を見てみよう

memo

天の川は，母乳の道

　天の川は，英語で「milky way」といいます。ミルクの道？　いったい，どういう意味なのでしょうか。

　実は，天の川がmilky wayとよばれるのは，ギリシャ神話によるものです。最高神ゼウスは，浮気相手のアルクメネとの間に，ヘラクレスという男児をもうけました。このヘラクレスは，とてつもなく力の強い子でした。あるときゼウスは，正妻のヘラの母乳を，こっそりヘラクレスに飲ませようと考えます。ヘラの母乳には，飲んだ者を不死身にする力があったからです。

　ゼウスが眠っているヘラの胸もとにヘラクレスをあてがうと，ヘラクレスはヘラの乳を思い切り強く吸いました。びっくりしたヘラはヘラクレスを突き飛ばし，母乳があたりに飛び散りました。そして

飛び散った母乳は，夜空に輝く天の川となりました。これが，天の川がmilky wayとよばれる理由です。milky wayとは，母乳の道だったのです。

7 銀河の形は，3パターンに分類できる

楕円銀河は，ラグビーボールのような形

銀河の形は，「楕円銀河」「渦巻銀河」「不規則銀河」という主に三つのパターンに分類されています。

楕円銀河は，回転して扁平になった軟式テニスボールか，あるいはラグビーボールのような形をしています。楕円銀河を構成する星は，一般的に赤いものが多いです。赤い星は年齢が古いことから，楕円銀河は比較的古い時代につくられたと考えられます。

第1章　銀河の姿を見てみよう

7 銀河の形

楕円銀河「M87」

棒渦巻銀河「NGC 1365」

渦巻銀河の「アンドロメダ銀河」

不規則銀河「NGC 1427A」

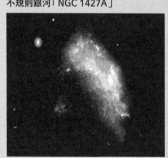

銀河の基本的な構造

バルジ
腕
棒状構造
円盤

中心に棒状構造が見られる，棒渦巻銀河

渦巻銀河とは，渦巻模様のついた薄い円盤をもつ銀河です。楕円銀河とは対照的に，新しい星が盛んに形成されています。また，渦巻銀河の中でも中心に棒状構造が見られるものは棒渦巻銀河とよばれています。棒の大きさは銀河によってさまざまです。

楕円銀河にも渦巻銀河にも分類できないものが不規則銀河です。一般的にはその質量は小さいです。宇宙にはこのタイプの銀河が最も多く，これらが衝突，合体して，より大きな銀河へと成長していくと考えられています。

楕円銀河にも渦巻銀河にも分類できない銀河にはほかに，レンズ状銀河があるツムリ。楕円銀河と渦巻銀河の中間的な銀河と位置づけられていて，円盤はあるけど渦巻模様のない銀河だツムリ。

第1章　銀河の姿を見てみよう

8 状況証拠からして，銀河系は円盤状

銀河系が回転しているらしいことを確認

　銀河系の姿を知ることは，実は簡単なことではありません。私たち自身が，銀河系の内部にいるからです。

　ハーシェルの観測では，銀河系は円盤状とされました。また，銀河系以外の銀河を観察すると，平らな円盤状の渦巻銀河が多数みつかります。さらに1927年，オランダの天文学者のヤン・オールト（1900 ～ 1992）が，銀河系が回転しているらしいことを確かめました。銀河系という，星が集まってできた変形可能な板が回転運動をしているというのなら，それは円盤状なのでしょう。ハーシェルにはじまった銀河系円盤説は，こうして確実視されるようになりました。

39

電波でガスを観測して分析

銀河系円盤説の根拠は、ほかにもあります。

銀河系には、水素などのガスが含まれています。ガスが放つ電波を観測して分析すると、ガスの運動のデータが得られます。このデータと、ガスが円盤状に分布し回転運動をしていると仮定した場合のモデルが、一致します。

これらの状況証拠から、銀河系は円盤状であるとされています。

水素などのガスは、星をつくる材料になるものなんだって。

第1章 銀河の姿を見てみよう

8 ガスの運動の推定

銀河系円盤の、ガスの運動を推定する方法を示しました。ガスが放つ電波の波長を測定して分析すると、ガスの地球方向の運動速度がわかります。イラストの薄い灰色の矢印は、それぞれの場所のガスの、地球方向の運動速度をあらわしています。濃い灰色の矢印は、推定されるガスの回転速度をあらわしています。

測定された
ガスの運動速度

推定される
ガスの
回転速度

地球の位置

41

9 銀河系の直径は，ざっくりとしかわかっていない

天体までの距離をはかるのは，むずかしい

銀河系の大きさを知るには，円盤の半径がわかればいいです。しかしこれを求めるのは，至難の業です。天体までの距離をはかることが，非常にむずかしいからです。夜空の星を単純に見ただけでは，星までの距離はまったくわからないのです。

銀河系のような数万光年の距離をはかる場合には，星の光が地球に届くまでにどれくらい弱められているのかを推定するという方法があります。ただし，これは誤差の大きい測定方法です。さらに地球から銀河系中心までの距離をはかったつもりが，実際に測定したのは中心より手前の星だったというようなことがおこりえます。

第1章 銀河の姿を見てみよう

基本的な情報さえ，しぼりこまれていない

地球から銀河系中心までの距離は，さまざまな方法を組み合わせて推定されてきました。現在のところでは，2万7000光年前後との説が有力となっています。

しかしこのような基本的な情報さえ，高い精度でしぼりこまれていないのが現実です。直径10万光年とされる銀河系全体の大きさについても，精度はそれほど高くありません。

地球から銀河系中心までの距離と，地球から銀河系中心とは反対の端までの距離を足せば，銀河系の半径が得られ，その値を倍にすれば直径となる。しかし，地球から銀河系中心とは反対の端までの距離も，確定しているわけではないのだ。

9 銀河系の断面図

銀河系の断面図をえがきました。円盤の直径は約10万光年,中心から地球までの距離は約2万7000光年とされています。中心にはバルジとよばれる星の大集団があり,ここは私たちの銀河系では棒状の構造となっています。

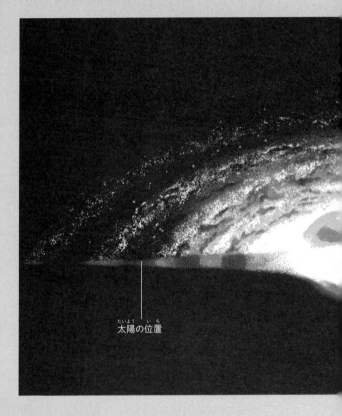

太陽の位置

第1章 銀河の姿を見てみよう

銀河系軍団って何？

博士，銀河系軍団って何ですか？

ふむ。サッカーのことかの。2000年代のはじめごろ，スペインの強豪サッカークラブの，レアルマドリードにつけられていた愛称じゃ。スペインの新聞社が名づけ，広まったようじゃの。

どうしてそんな名前になったんですか？

大金を払い，フランス代表のジダンやイングランド代表のベッカムら，スター選手をたくさん集めたんじゃ。人気があったし，実際に強い時期もあった。チームの中心選手たちには，各個人専用のジェット機が用意されており，移動に使っておったそうじゃぞ。

すごい！

じゃが，銀河系軍団とよばれた時期は，長くはつづかなかったんじゃ。スター選手を集めることを重視しすぎたためか，いろいろな問題がおきて，クラブの会長が辞任したんじゃ。

10 銀河系の渦巻模様は，ガスの模様だった

渦は，中心に星が落ちこんでいく流れではない

　銀河の渦巻模様は，「腕」とよばれています。腕のことを，銀河系の中心に星が落ちこんでいく流れだと思っている人もいるかもしれません。つまり，中心に向けて風が吹きこむ，台風のようなイメージです。しかしそれは，誤りです。渦巻銀河の星たちは，回転運動こそしているものの，銀河を一周すると基本的には同じ場所にもどってきます。

第1章 銀河の姿を見てみよう

10 銀河系円盤のガス密度分布

イラストは，銀河系円盤のガスの密度分布の測定結果です。明るいところほど，ガスの密度が高いことを示しています。

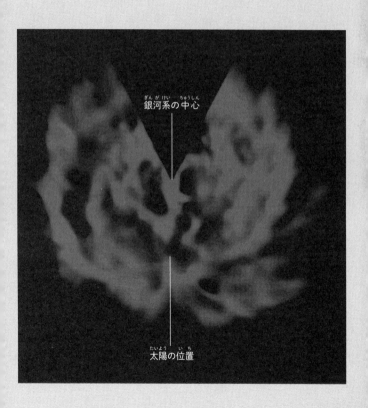

回転するガスの密度の波は，渦巻状になりやすい

　では，腕とは何でしょうか。それは，星がたくさん形成されて，輝いている領域です。

　渦巻銀河の円盤では，星の材料となるガスが星といっしょに回転しています。ガスは，円盤に一様に分布しているわけではありません。回転運動をしながら，ガスの密度に濃淡の差，つまり密度の波ができます。この密度の波は渦巻状になりやすく，密度が高い場所では星が形成されます。その結果，この部分が腕として明るく輝くのです。

　円盤のガスの密度を場所ごとに測定した結果，銀河系には，たしかに腕のような構造があることがわかっています。

第1章　銀河の姿を見てみよう

11 銀河系の中心に，棒があるのかないのか

ちりやガスにさえぎられて，銀河系の中心は見えない

銀河系以外の渦巻銀河には，中心部のバルジが棒状になっているものもあります。

銀河系のバルジが棒状であるかもしれないことは，1970年代から指摘されていました。しかし，ちりやガスにさえぎられて，可視光線を観測しても銀河系の中心を見ることはできません。このため，棒状構造に関する研究はなかなか進みませんでした。

銀河系の中心の左側※に，明るく見える星が多い

　この状況が大きく変わったのは，1980年代からの大規模な赤外線の観測により，銀河系の中心部が見通せるようになってからです。観測の結果，銀河系の中心を境に，星の分布にかたよりがあることがわかりました。地球から見て銀河系の中心の左側に，明るく見える星が多かったのです。

　これは，銀河系の中心付近の星が棒状の形に集まり，棒の一方は地球から見て左手前の方向にのびてきて，もう一方が右後方へのびていると解釈するのが最も自然と考えられました。棒の左側の星は地球に近いため，右側の星よりも明るく見えるというわけです。

※：この場合，左側は東側，右側は西側となります。

52

第1章 銀河の姿を見てみよう

11 銀河系中心付近の星の分布

銀河系中心付近の,明るく輝く星の分布をイラストにしました。中心を境に,左側に明るい星が多いことがわかります。

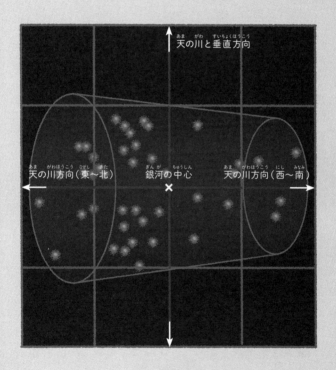

12 銀河系の中心に，巨大ブラックホールがある

銀河系中心近くの恒星は，楕円軌道をえがいている

ブラックホールは大きな質量があり，強い重力をもっています。銀河系の中心に巨大ブラックホールがあるのは確実といわれ，さまざまな間接的証拠がみつかっています。

ドイツのマックス・プランク研究所のラインハルト・ゲンツェル博士（1952～　）らのグループとアメリカのカリフォルニア大学ロサンゼルス校のアンドレア・ゲズ博士（1965～　）らのグループは，24年間にわたって銀河系中心近くの恒星の運動を調べました。すると，ある恒星は，ある1点を焦点にした，周期約16年の楕円軌道をえがいていることがわかりました。

第1章 銀河の姿を見てみよう

12 銀河系中心付近の恒星の運動

イラストは、銀河系中心のブラックホールのまわりをまわる、「S2」という恒星のイメージです。S2は、ブラックホールに最接近した時、秒速5000キロメートル以上のスピードでかけぬけていました。

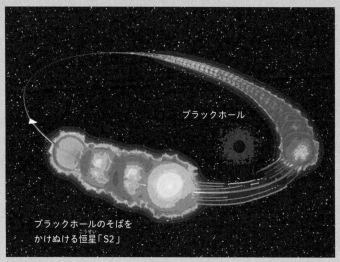

ブラックホール

ブラックホールのそばをかけぬける恒星「S2」

注：イラストのブラックホールは、実際よりもかなり大きくえがいています。

焦点にある天体の質量は、太陽の約400万倍

　この星が焦点に最も接近した際のスピードは、少なくとも秒速5000キロメートル以上と猛烈なものでした。

　この星の運動は、焦点の位置に膨大な質量の天体があることを示しています。星の軌道と運動から計算すると、焦点にある天体の質量は、太陽の約400万倍と見積もられました。ところがこの場所に、明るく輝く星は存在しません。その結果、この焦点にある天体は、ブラックホール以外には考えられないという結論になりました。

直接観測できないブラックホールの存在を、まわりの星の動きから推定したのだな。ゲンツェル博士らには、2020年のノーベル物理学賞が贈られたぞ。

第1章 銀河の姿を見てみよう

memo

13 銀河系は，謎の物質で包まれている

見えているものだけだと質量不足

銀河系の円盤は，回転運動をしています。とこ
ろが，観測されている星やガスの質量を全部足
しても，円盤の回転速度を説明するには，圧倒的
に質量が不足しているといいます。

また，銀河系のまわりにある球状星団や矮小
銀河の運動を調べると，星やガスの質量だけで
は，球状星団や矮小銀河を銀河系の近くにつな
ぎ止めておくことができないこともわかってい
ます。

第1章　銀河の姿を見てみよう

銀河系を取り巻くように分布している

　これらのことからわかるのは，星やガスだけではなく，銀河系にはもっと大きな質量をもつ何かがあるという事実です。しかしそれほど大きな質量があるはずのものを，私たちは見ることができません。

　この正体不明の物質は，「ダークマター」とよばれています。ダークマターは，銀河系を取り巻くように，球状かラグビーボールのような形で分布していると考えられています。この部分を，「ダークハロー」といいます。ダークハローは，質量，直径ともに，銀河系円盤の10倍程度はあると考えられています。

つまり，ダークハローの質量は太陽の1兆～数兆倍で，直径は100万光年にもなるツムリ。

59

13 銀河を包むダークマター

銀河系とアンドロメダ銀河のまわりのダークマターの分布の想像図です。ダークマターは銀河系の円盤よりもはるかに広範囲に、銀河系の円盤を包みこむように分布しているはずです。

ダークハロー

銀河系

ダークマターの小さなかたまり

第1章 銀河の姿を見てみよう

アンドロメダ銀河

最強に面白い 銀河

ハーシェルの天王星発見

元々ドイツの軍楽隊でオーボエ奏者として活躍していたウィリアム・ハーシェル

1757年、戦火を逃れるためにイギリスに移住し妹と生活しはじめる

天文学に関心があったハーシェルはレンズ磨きの技術をもっていた妹の協力を得て自分で反射望遠鏡をつくった

アマチュア天文学者として熱心に天体を観察していたハーシェル

あるとき星図にはないいつもとちがう星をみつける

ハーシェルの報告によって他の天文学者がその星の軌道や周期を確認すると土星の外側をまわる惑星であることが判明

新しい惑星である天王星を発見した

62

宇宙の奥行きを推定

天王星の発見以来天文学の研究が主となったハーシェル

国王ジョージ三世の目にとまり国王づきの天文学者となる

潤沢な資金を得たハーシェルはより一層星の観察に精をだす

世界最大の望遠鏡を完成させ土星の新しい衛星を発見するなど功績を残した

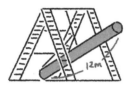

観察と同時に記録もし宇宙の奥行きを推定した

その結果星が円盤状に分布していることをつきとめた

ハーシェルがえがいた図は正確ではなかった

しかしこれが銀河系の形を解明する基礎となった

第2章

銀河系の
星と星座

夜空には，たくさんの星が見えます。私たちが肉眼で見ている星は，いずれも銀河系の一員です。第2章では，夜空を彩る銀河系の星と星座について見ていきましょう。

1 肉眼で見える星は，たったの数千万分の1

6等星よりも明るい星は，約8500個ある

　私たちは，広大な銀河系のどのあたりまで見渡すことができるのでしょうか。

　まず，星空に見られる星の数で考えてみましょう。地球から見た星の明るさは，肉眼でなんとか見える星を6等星としています。星空全体には，6等星よりも明るい星が，約8500個あります。それに対して銀河系にある星は，約1000億〜数千億個です。つまり6等星よりも明るい星をすべて集めても，銀河系にある星の約1000万〜数千万分の1しか見えていないのです。

第2章 銀河系の星と星座

1 6等星が存在する範囲

下のイラストは,地球から見える6等星よりも明るい星のうち,およそ8割程度が存在する範囲を示したものです。

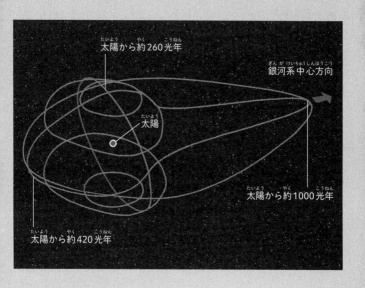

太陽から約260光年

銀河系中心方向

太陽

太陽から約1000光年

太陽から約420光年

直径10万光年の銀河系とくらべて,肉眼で見える星が存在する範囲はとってもせまいツムリ。

肉眼で見える星々の多くは、近くにある

次に、見えている星が存在する範囲を考えてみましょう。

地球から見える6等星よりも明るい星は、天の川に沿って、扁平な形に分布しています。これは銀河系円盤に垂直な方向よりも、水平な方向に星がたくさん存在するためです。この領域は私たちの地球からほんの数百～1000光年程度の範囲で、直径10万光年とされる銀河系全体の、ごく一部にすぎません。

私たちがながめる星々の多くは、銀河系のスケールからすれば、きわめて近くにあるのです。

67ページの範囲より遠い距離にあっても、とてつもなく明るい星は6等星より明るくなることもあるのだ。たとえば、1等星のなかで太陽から最もはなれている星は1.2等星のはくちょう座アルファ星デネブで、その距離は約1400光年なのだ。

第2章　銀河系の星と星座

2 星座は，夜空にはりついているように見える

星々を，一つの球面の上にあらわした「天球図」

夜空を見上げると，星々はすべて等しい距離にあるように見えます。実際にはばらばらな距離にあるこれらの星々を，一つの球面の上にあるようにあらわしたものが「天球図」です。天球図は，天の赤道によって北天と南天に分けられます。天の赤道とは，地球の赤道面を拡大したものです。

明るい星々を，神話や農事，漁などの生活と関連づけ，グループとしてとらえたものが星座です。現在の星座は，1928年に国際天文学連合が，メソポタミア起源の星座名を主な基礎として，全天を88に区分し，正式に定めたものです。

69

実際には，星々は3次元的に分布している

　星々は，あたかも天球面にはりついているかのように見えます。しかし実際には，3次元的に分布しています。

　星々の位置と動きから，地球の運動しているようすや，銀河系の中心方向などを知ることができます。ちなみに，天の北極や天の南極は，地球の自転運動によってあらわれる，見かけ上の星空の不動点です。

星の位置のわずかな変化を観測することで，いて座の方向に銀河系の中心があることがわかるそうだよ。

第2章 銀河系の星と星座

2 北天の天球図

イラストは北天の天球図です。見かけ上の星空の不動点である天の北極を中心に，北天に見える星座をあらわしました。

北天

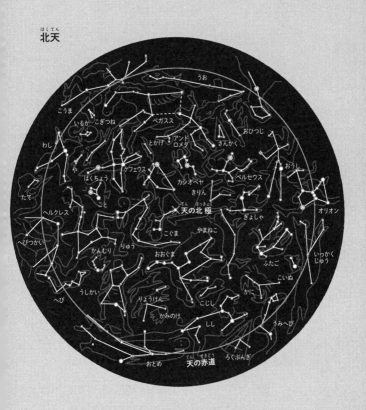

ボツにされた「アルゴ座」

現在，星座は88種類あります。しかし16世紀までは，48種類の星座が使われるのが主流でした。その中に，現在では使われていない，「アルゴ座」という星座がありました。

アルゴ座は，古代ローマの学者のプトレマイオス（83年ごろ～168年ごろ）が，著書『アルマゲスト』に記した星座の一つです。ギリシャ神話に，黄金の羊の毛皮を入手するために組まれた遠征隊の話があります。その遠征隊が使用した巨大な船の名を，「アルゴ」といいました。アルゴ座は，この船をかたどった星座なのです。

1922年，国際天文学連合は，プトレマイオスが記した48星座のうち，47星座は採用しました。しかしアルゴ座だけは，採用しませんでした。アルゴ座

が巨大すぎたためです。アルゴ座は，三つの部位に分割され，とも座，ほ座，りゅうこつ座となりました。ともは船尾，ほは帆，りゅうこつは船の背骨に相当する部材である「竜骨」のことです。

南天

注：現在の88星座が正式に採用されたのは，1928年のことです。

3 はくちょう座は，
横から見ると白鳥ではない

星座のそれぞれの
星までの距離は，ばらばら

　夜空の星を見ただけでは，星までの距離はわかりません。天球では，星座を形づくる星は，みな地球から同じ距離にあるように見えます。しかし，実際はそうではなく，それぞれの星までの距離はどれもばらばらです。星座を構成する星々を実際の距離でえがけば，そのことがよくわかるでしょう。

星座の形は，
地球から見たときのもの

　たとえば，はくちょう座を見てみましょう。右のイラストのA，B，Cという三つの星を見たと

第2章 銀河系の星と星座

3 はくちょう座の星たちの距離

下のイラスト中の灰色の星は，はくちょう座を構成する星々の，実際の距離をもとに配置したものです。白い星は星座の形を見るための，見かけ上の星の位置です。見かけの星を並べるためのスクリーンを，地球から最も近い星と最も遠い星の中間あたりに設定しました。

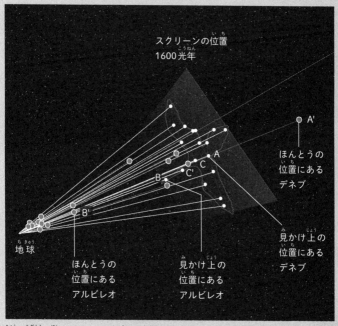

注：右上の星のほんとうの位置は，紙面に入らないほど遠くにあります。

き,私たちの目には,それらは同一の天球面にはりついているように見えます。しかし,地球からの実際の距離を見てみると,Bは比較的近いところにあり,逆にAはとても遠いところにあります。

地球以外の星からながめると,はくちょう座の星たちは,はくちょうとは別の形で見えるはずです。夜空に輝く星座の形は,地球から見たときに,たまたまそう見えるにすぎないのです。

はくちょう座のデネブは尾のつけねあたりにあり,実際には地球から1000光年以上もはなれているのだ。両翼の星は比較的近い距離にあるものが多く,右の翼の先端の星は地球から約70光年に位置する。最も遠い恒星とは距離が大きくはなれているにもかかわらず,同じ星座を構成しているのだな。

第2章　銀河系の星と星座

4 北斗七星は将来，ぐにゃぐにゃに変形する

恒星は，動かない星だと思われていた

　地球から見ると，星は毎晩，東の空から西の空へと動いていきます。しかし，夜空での，たがいの位置関係が変化しているようには見えません。

　惑星たちが位置を変化させていくのに対して，恒星はまったく動かない星であると思われていました。恒星という名前は，恒常的にそこにある星，つまり動かない星という意味でつけられたのです。

星座の形は，徐々に変化していく

　しかし実際には，恒星は高速で宇宙空間を動いています。これは「固有運動」とよばれ，各々の恒星に固有のものです。恒星が動いているように見えないのは，恒星までの距離が何光年もの遠方にあるため，その動きを短期間でとらえることができないからです。

　この固有運動によって，星座の形は長い時間の間に徐々に変化していきます。たとえば北斗七星（おおぐま座）の動きを，10万年前の過去から現在，そして10万年後の未来まで見てみましょう。現在は，七つの星がひしゃくのようにつらなっています。しかし，10万年後には，それをひっくり返したような形になってしまうのです。

第2章 銀河系の星と星座

4 北斗七星の形の変化

10万年前から10万年後までの、北斗七星の姿をえがきました。ひしゃくの柄の先端と、水をくむ「合」の先端を構成する星の動きが大きいです。過去から未来の20万年の間に、北斗七星の姿は大きく変わります。

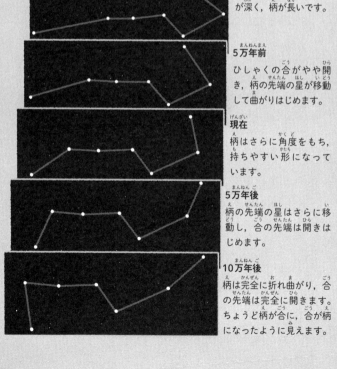

10万年前
現在よりもひしゃくの合が深く、柄が長いです。

5万年前
ひしゃくの合がやや開き、柄の先端の星が移動して曲がりはじめます。

現在
柄はさらに角度をもち、持ちやすい形になっています。

5万年後
柄の先端の星はさらに移動し、合の先端は開きはじめます。

10万年後
柄は完全に折れ曲がり、合の先端は完全に開きます。ちょうど柄が合に、合が柄になったように見えます。

79

5 北極星は交代制！ やがて別の星が北極星に

星座の回転の中心は、 現在の北極星ではなくなる

　北斗七星の形が変わるには、数万年の時間がかかります。実はもっと短い時間の間にも、夜空には大きな変化がおきます。

　地球から星空を観測していると、星座は1日に1回、北極星を中心にまわっているように見えます。これは、北極星が、地球の自転軸の方向にあるからです。しかし数千年後には、星座の回転の中心は、現在の北極星ではなくなってしまいます。

第2章 銀河系の星と星座

5 北極点の移動

北極点がまわるようすを，イラストで示しました。北極点がひとまわりする周期は，約2万6000年です。

コマは回転しながら，回転軸の方向もまわります。コマの回転は地球の自転に，回転軸の方向は北極点に相当します。

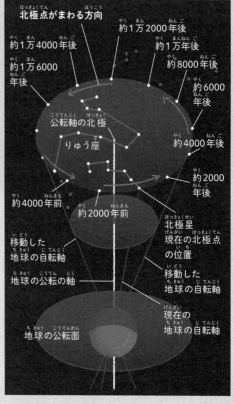

81

地球の自転軸も、コマのようにまわっている

回転しているコマを、思いうかべてみてください。コマは、回転すると同時に、回転軸の方向もゆっくりとまわっていきます。この現象は、「歳差運動」とよばれます。地球も、コマのように、歳差運動をします。

地球の自転軸の方向が、天球の北天と交わる点を「北極点」といいます。数千年程度の時間間隔では、個々の星座の形や星座どうしの位置関係はほとんど変わりません。しかし歳差運動の結果、北極点の位置が、星座の間をぬうように動いていくのが観測されるのです。

地球の自転軸の方向は極軸とよばれ、それが天球と交わる点が、天球上の北極点と南極点だツムリ。

第2章　銀河系の星と星座

memo

死兆星ってあるの？

博士,「死兆星」って何ですか。ほんとにあるんですか？

うぉっふぉっふぉっ。あの漫画を読んだんじゃな？ 漫画では，死兆星が見えたら死ぬとされておったのぉ。死兆星があるかどうかは，わからん。じゃが，北斗七星の「ミザール」という星のわきには，「アルコル」という不吉な星があるんじゃ。

不吉な星？ どういうことですか？

アルコルとミザールを別々の星と見分けられる人もおれば，一つの星としてしか見えない人もおった。見えたり見えなかったりするから，不吉な星とおそれられたんじゃ。

まさか，ほんとに不吉なことがおきたとか…。

迷信じゃろ。じゃが、アルコルが見えなくなると死期が近いといういい伝えもあるぞ。老化で視力が落ちることを考えると、迷信ともいいきれんのう。

6 となりの星までは，光で行っても4.2年

最も近い恒星は，ケンタウルス座プロキシマ星

　星座を構成している恒星とは，どのような天体なのでしょうか。太陽に最も近い恒星は，どこにあるのでしょうか。

　太陽に最も近い恒星は，ケンタウルス座にあるケンタウルス座プロキシマ星です。その距離は，約4.2光年，およそ40兆キロメートルです。ただし最も近いとはいっても，私たち人類が実際にそこに行こうとすると，考えられないくらいの時間が必要です。

第2章 銀河系の星と星座

恒星どうしの距離は，
とてつもなく大きい

　人類がつくりだしたものの中で最も地球から
はなれた場所にあるのは，1977年に打ち上げら
れたNASAの探査機「ボイジャー1号」です。ボ
イジャー1号は，2024年7月現在，地球から約
245億キロメートルの距離にあります。太陽から
ケンタウルス座プロキシマ星までの距離であるお
よそ40兆キロメートルに到達するには，約7万
4000年もの間，飛行をつづけなければなりま
せん。

銀河系に1000億〜数千億個もある恒星どうし
の距離は，私たちの日常的な感覚にとって，と
てつもなく大きなものなのです。

87

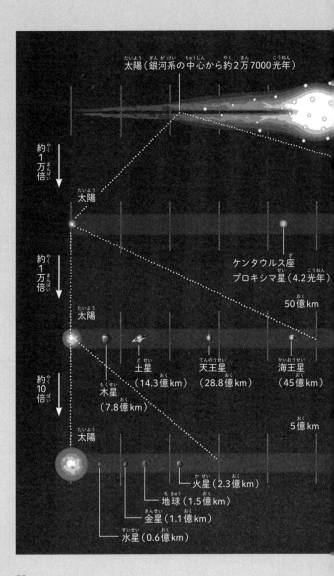

第2章 銀河系の星と星座

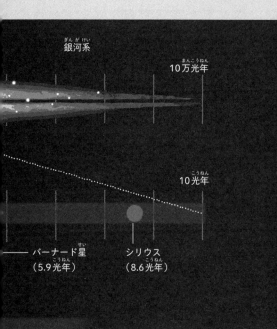

銀河系

10万光年

10光年

バーナード星
(5.9光年)

シリウス
(8.6光年)

6 天体の距離感

銀河系の直径は，約10万光年です。銀河系の一部を1万倍に拡大すると，太陽とその近傍の恒星が見えてきます。さらに1万倍すると，太陽系内の木星以遠の惑星が見えます。地球や火星など，太陽に近い惑星はさらに10倍してやっとその距離をつかむことができます。

7 明るく見える星は，だいたい近いところにある

1等星より明るい星は，21個ある

このページでは，星空の中でもひときわ目立つ，1等星よりも明るい恒星がどこにあるのかを見てみましょう。1等星よりも明るい星は，夜空で非常に目立つため，星座を形づくる主役となっています。

1等星よりも明るい星は，全部で21個あります。そのうちの半数以上の11個は，太陽から100光年未満の近距離に存在します。92〜93ページのイラストは，太陽から100光年未満にある，11個の星の位置をあらわしたものです。

第2章 銀河系の星と星座

小さく暗い星でも,近距離にあれば1等星になる

　100光年以上遠い星の場合は,巨星や超巨星といった,それ自体が非常に明るい星でないと,地球から1等星として見えることはありません。逆に,ケンタウルス座アルファ星のように,小さく暗い星でも,近距離にあるために1等星よりも明るく見えている星もあります。

　こうしてみると,1等星という星の見かけの明るさも,星座と同じように地球から見た場合にだけ意味をもつことがわかります。

> 一番近い1等星より明るい星は,太陽から約4.3光年に位置するケンタウルス座のアルファ星なんだね。一番遠い星は,はくちょう座のデネブで,太陽から約1400光年もはなれているそうだよ。

恒星名（実視等級）
太陽からの距離

ふたご座β星
ポルックス（1.1等）
太陽から34光年

ぎょしゃ座α星
カペラ（0.1等）
太陽から43光年

しし座α星
レグルス（1.4等）
太陽から79光年

おうし座α星
アルデバラン（0.9等）
太陽から67光年

7 ▷ 100光年未満にある1等星

全天に見られる1等星よりも明るい21個の星のうち，
太陽から100光年未満にある11個の星の位置をすべて
示しました。イラストの中央に，太陽があります。円
形の目盛りは，1目盛りが25光年です。

第2章 銀河系の星と星座

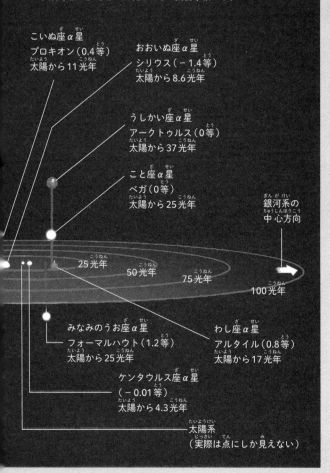

8 星座の星や星団は，銀河系の腕の中にある

渦の明るいところには，明るく若い星が多い

地球から見た星雲や星団は，銀河面の方向である天の川に沿って分布しています。このため星雲や星団の距離をはかることで，天体が円盤状に分布する銀河系の構造が，徐々に見えてきました。

銀河系は巨大な円盤構造をしており，内側にいる私たちからは天の川として見えます。さらに円盤には，渦巻腕が重なっています。銀河系は星の集合体で，渦の明るいところには明るく若い星が多く集まり，暗いところでは少ないです。この明るい星が集まっているところが渦のパターンとなり，「腕」とよばれます。私たちの銀河系以外の銀河でも，渦巻構造をもつ銀河はたくさん存

第2章 銀河系の星と星座

8 腕構造の断面

イラストは，銀河系の「オリオン座腕」の一部を輪切りにし，さらに拡大したものです。腕はガスから星が誕生する場所であり，生まれたばかりの星が光り輝く場所です。

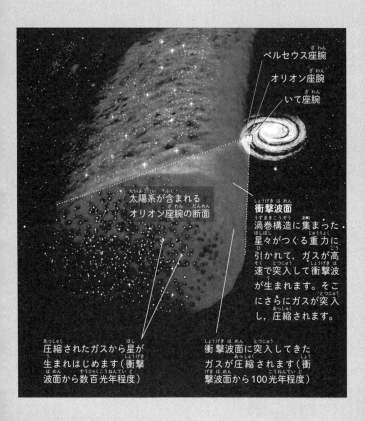

ペルセウス座腕

オリオン座腕

いて座腕

太陽系が含まれる
オリオン座腕の断面

衝撃波面
渦巻構造に集まった星々がつくる重力に引かれて，ガスが高速で突入して衝撃波が生まれます。そこにさらにガスが突入し，圧縮されます。

圧縮されたガスから星が生まれはじめます（衝撃波面から数百光年程度）

衝撃波面に突入してきたガスが圧縮されます（衝撃波面から100光年程度）

在します。

腕の内側では、新たな星が誕生している

銀河系円盤には、光を通さない暗黒星雲が充満しています。腕の構造を見ると内側は、とくに明るく見えます。これは、そこで暗黒星雲が圧縮されて、新たな星が誕生しているからです。

太陽も、かつて腕で生まれたと考えられています。太陽は今、「オリオン座腕」という腕の、銀河系中心方向の端に位置しています。

銀河系は腕の渦巻構造を保ちながら、太陽系付近では2億年に1周のペースで回転運動しているのだ。この速度は秒速220キロメートルにもおよぶのだ。

第2章　銀河系の星と星座

memo

9 銀河系の円盤は, めくれているかも

セファイド変光星で, 星までの距離がわかる

「セファイド変光星」は, 明るさが数日から100日程度の周期で変動する星です。明るさの変動周期の長さと, 星の真の明るさには関係があります。このため, 明るさの変動周期の長さから, 星の真の明るさを知ることができます。そして, 星の真の明るさと見かけの明るさから, 星までの距離を知ることができます。

同じ明るさで輝く電球どうしでも, 遠くに置いた電球のほうが暗く見えるように, 真の明るさが同じでも, 遠くにある星ほど見かけの明るさは暗くなるツムリ。

第2章　銀河系の星と星座

ゆるやかにたわみ，
端のほうは広がっていた

　中国，チリ，ポーランドの研究チームは，銀河系内の広範囲のセファイド変光星の距離を測定しました。その結果，銀河系の形は，真横から見ると，一般にイメージされるようなパンケーキのように平らな形ではなく，ゆるやかにたわみ，端のほうが上下に広がっていることがわかりました（100〜101ページのイラスト）。

　このたわみは，平らだった銀河系の円盤に，近くの矮小銀河やダークマターなどがぶつかった結果できたのではないかと考えられています。一方，円盤の端は，星やガスなどの物質の密度が薄く，もともと重力でまとまる力が弱い場所です。そこに矮小銀河やダークマターなどがぶつかり，上下に広がった可能性があると考えられています。

99

9 銀河系のたわみと端の広がり

銀河系内の，多くのセファイド変光星までの距離を精度よく調べた結果，下のイラストのような銀河系の姿が提示されました。真横から見た銀河系は，太い曲線のように，ゆるやかにたわんでいます。また，点線のように，両端が上下方向に広がっています。

第2章 銀河系の星と星座

セファイド変光星は,とても明るい星だから,6500万光年程度まではなれた銀河の距離の測定にも利用できるそうだよ。銀河系の直径は10万光年なので,銀河系内のセファイド変光星を測定するのは,簡単なんだって。

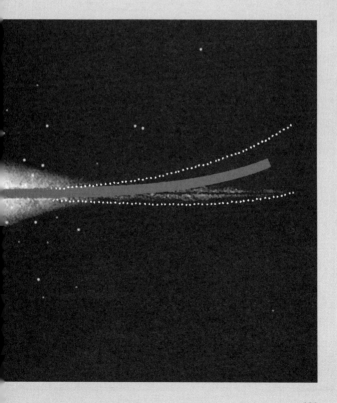

最強に面白い 銀河

三角法の父, ヒッパルコス

2000年以上前の古代ギリシャにはすぐれた天文学者がいた

アリスタルコス（紀元前310年ごろ～前230年ごろ）やヒッパルコス（紀元前190年ごろ～前125年ごろ）らだ

アリスタルコスは直角三角形の性質を利用して月や太陽までの距離を求めたがその値は実際の距離とは大きくちがっていた

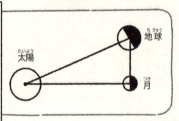

ヒッパルコスは日食の際に地球上の2地点から見上げた月の角度と地球の半径を利用して月までの距離を算出した

その値は実際の距離の約38万kmと近い値だった

その後17世紀まで地球と月の距離の新しい測定方法は出てこなかった

ヒッパルコスは三角形の辺の長さと角の大きさの関係を測量などに応用する「三角法」の父とよばれている

数々の偉業

ヒッパルコスは他にも偉業をなしとげている

さそり座にそれまで観測されていなかった新しい星を発見

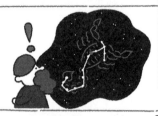

それをきっかけに全天1000以上の星を観測した

星たちを6段階の明るさに分けて観測したのもヒッパルコスが最初である

さらに星の位置を観測しその位置をカタログ化した「星表」を作成

それ以前の星表とくらべて春分点が毎年少しずつ移動していることに気づいた

星表には現在の星座につながる46星座もおさめられている

※：黄道と赤道との交点のうち、太陽が赤道を南から北へ横切る点

第3章

銀河は衝突して
進化する

宇宙には，たくさんの銀河があります。銀河と銀河は，衝突することもあります。実は私たちの銀河系と近くのアンドロメダ銀河も，将来衝突すると考えられています。第3章では，銀河の衝突と，その進化について紹介します。

1 銀河系とアンドロメダ銀河 が，急接近中！

アンドロメダ銀河は， 巨大な渦巻銀河

　私たちの銀河系に，別の銀河が接近し，衝突しようとしています。衝突の相手は，銀河系からおよそ250万光年の距離にあるアンドロメダ銀河です。

　アンドロメダ銀河は，銀河に含まれる星の数が銀河系の2倍ほどあるといわれる，巨大な渦巻銀河です（右のイラスト）。このアンドロメダ銀河をくわしく観測したところ，どうやらこちらに向かって，猛スピードで近づいているらしいのです。

第3章 銀河は衝突して進化する

1 銀河系とアンドロメダ銀河

銀河系とアンドロメダ銀河をえがきました。銀河の星の数や重さを正確に求めることはむずかしく,どちらの銀河も正確な数値はわかっていません。アンドロメダ銀河の星の数や質量は,銀河系の2倍程度だと考えられています。

銀河系（別名：天の川銀河）
直径：約10万光年
星の数：約1000億～数千億個
質量：太陽約1兆個分
形状：棒渦巻銀河

アンドロメダ銀河（別名：M31）
直径：約15～22万光年
星の数：天の川銀河の2倍程度（数千億個）
質量：天の川銀河の2倍程度
形状：渦巻銀河

太陽の位置

両銀河の距離は約250万光年

注：銀河の質量には,星や星間ガスのほか,ダークマターの質量も含みます。

37億〜38億年後に,衝突をはじめる

　NASAのハッブル宇宙望遠鏡を使った観測によると,アンドロメダ銀河と銀河系は,1秒間に約100キロメートルの速さで接近中だといいます。1年間に約34億キロメートル近づいている計算になります。

　距離がせばまるにつれて,たがいにおよぼしあう重力が強くなるため,接近速度は速くなっていくと予想されます。このまま接近がつづけば,およそ37億〜38億年後に,二つの銀河は衝突をはじめるだろうと考えられています。

アンドロメダ銀河は,銀河系に最も近い銀河というわけではない。両銀河の周囲には,小さな銀河がいくつか存在するのだ。銀河系とアンドロメダ銀河は,大小50個ほどの銀河からなる銀河の集団「局部(所)銀河群」の一員で,局部銀河群の中で最も大きい銀河がアンドロメダ銀河であり,2番目に大きい銀河が銀河系なのだよ。

第3章　銀河は衝突して進化する

2 二つの銀河は，衝突して巨大銀河になる

銀河が衝突しても，星どうしがぶつかることはまれ

銀河が衝突する際，銀河の星々は，たがいを通り抜けると考えられています。星どうしの間隔はとても広いため，銀河が衝突しても，星どうしがぶつかることはまれだといいます。

ただし，たがいを通り抜ける際に，銀河の構造は大きく乱れます。相手の銀河の重力の影響を受けて，それぞれの星の運動が変化するからです。NASAの研究者らによる，あるモデルによれば，銀河系とアンドロメダ銀河の衝突は，たがいの形が大きく変化するはげしいものになると予想されています。

109

通り抜けたあと,重力でふたたび接近する

　銀河系とアンドロメダ銀河は,衝突後,いったん通り抜けて距離が開いても,たがいの重力によって引きあい,ふたたび接近します。こうし

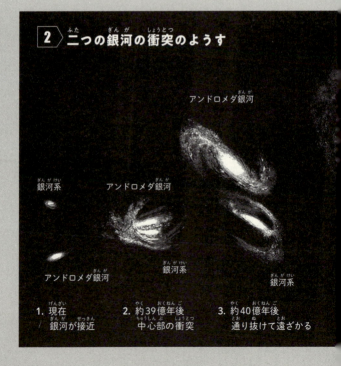

2. 二つの銀河の衝突のようす

アンドロメダ銀河

銀河系　アンドロメダ銀河

アンドロメダ銀河　銀河系　銀河系

1. 現在
銀河が接近

2. 約39億年後
中心部の衝突

3. 約40億年後
通り抜けて遠ざかる

第3章 銀河は衝突して進化する

て衝突をくりかえし、両銀河は一つにまとまっていきます。

もともと渦を巻いていた両銀河の形は、衝突のたびに大きくくずれます。約60億年後、最終的に両者は一つの巨大な楕円銀河になると考えられています。

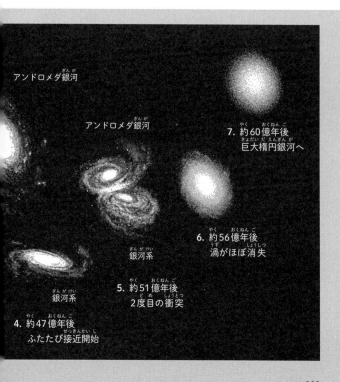

111

3 宇宙では，100個に1個の銀河が衝突中

小さな銀河が，衝突と合体をくりかえして進化

　銀河の衝突は，決してめずらしい現象ではありません。そして地球から遠くにある銀河ほど，高い割合で衝突しているといいます。

　遠くにある銀河からの光は，地球に届くまでに時間がかかります。これは，遠くに見える銀河ほど，昔の銀河であることを意味します。つまり昔は，今よりも頻繁に銀河が衝突していたということです。小さな銀河が，衝突と合体をくりかえすことで，より大きな銀河へと進化してきたと考えられます。

第3章 銀河は衝突して進化する

3 衝突中の銀河

画像は，接近している渦巻銀河「NGC 2936」(上) と楕円銀河「NGC 2937」(下) です。楕円銀河の重力の影響で，渦巻銀河が大きく変形しています。地球からの距離は約3億光年です。

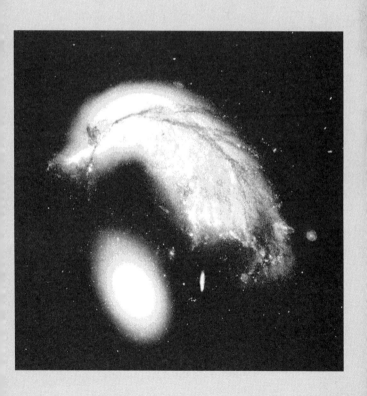

銀河の合体が進むにつれて，衝突の頻度が減った

宇宙が誕生したのは今から約138億年前で，宇宙誕生からおよそ8億年後には，初期の銀河ができていたと考えられています。

観測にもとづき，銀河が衝突する頻度を計算すると，宇宙誕生からおよそ38億年後は，実に10％近くの銀河が衝突中だったといいます。その後，銀河の合体が進むにつれて衝突の頻度は減っていき，現在は1％ほどになったといわれています。

銀河系とアンドロメダ銀河も，それぞれ別の銀河との衝突と合体を経て，現在のような姿に進化してきたと推測されます。

第3章　銀河は衝突して進化する

4 銀河が衝突しても，星と星はぶつからない

銀河の中心部では，星どうしの距離は約0.03光年

　銀河内の星の分布には，ムラがあります。星は中心部に密集しており，基本的に外側に行くほど，星の数は少なくなります。一般的な渦巻銀河の断面図と，銀河の周辺部および中心部の星の密度を示したものが，117ページのイラストです。

　星が密集する渦巻銀河の中心部では，星と星は約0.03光年ほどはなれているといいます。星がまばらな周辺部では，その距離は100倍ほどに広がります。つまり，星どうしの距離は，約3光年もはなれることになります。

115

星が密集する中心部であっても,実はまばら

　星を,直径6.6センチメートルのテニスボールの大きさにして,星と星の距離を考えてみましょう。

　密集する中心部であっても,最寄りのテニスボールまで,約13.5キロメートルはなれていることになります。周辺部では,約1350キロメートルにもなります。これは,青森と鹿児島の直線距離に匹敵します。

　これだけまばらであれば,銀河が衝突しても,星どうしはまずぶつからないでしょう。

右ページのイラスト(上)では,すき間なく星がつまっているようにみえる銀河だけど,実際は"すかすか"だといってもいいツムリ。

第3章 銀河は衝突して進化する

4 渦巻銀河の星の密度

イラストの上段は、一般的な渦巻銀河とその断面です。イラストの下段は、銀河の周辺部の星の密度と、銀河の中心部の星の密度を、模式的に表現したものです。星の大きさは、誇張してえがいています。

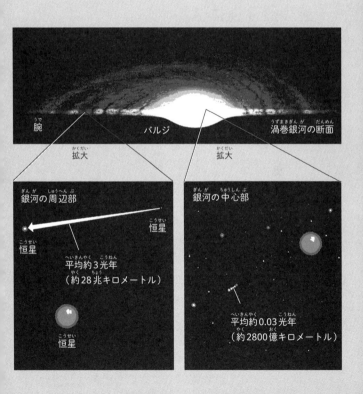

渦巻銀河の断面
腕　バルジ

拡大　拡大

銀河の周辺部
恒星
恒星
平均約3光年
（約28兆キロメートル）
恒星

銀河の中心部
平均約0.03光年
（約2800億キロメートル）

5 銀河の衝突時，星は秒速数百キロですれちがう

星の通り道には，ほとんど星が存在しない

　銀河が衝突するときに，ほんとうに星どうしがぶつからないのか，もう少しくわしく見てみましょう。

　例として，1000億個の星がある直径10万光年の薄い円盤状の領域を，1個の星が端から端まで通り抜ける場合を考えます。このとき，通り道にある星の数を計算すると0.0000000000043個しかありません。ただし1000億個の星が通り抜けたとすると，全体では星の通り道に0.43個の星があることになります。

　大きな銀河どうしが正面衝突するような状況では，全体で星が数個ぶつかることはありえるといえます。

第3章　銀河は衝突して進化する

5 すれちがう星たち

銀河が衝突するときに、すれちがう星をえがきました。星どうしの距離があいており、ぶつかる確率はきわめて低いです。また、距離のはなれた星どうしがたがいを引き寄せ合う重力はきわめて弱く、秒速数百キロメートルもの速度ですれちがう星の軌道は、ほとんど曲がりません。

星と星が引きあって, 衝突するとは考えにくい

　星は, 質量に応じた重力を周囲におよぼします。この重力によってたがいを引き寄せあい, 星どうしが衝突するようなことはないのでしょうか。

　銀河が衝突するときは, 秒速数百キロメートルもの速度ですれちがいます。遠くはなれた星どうしがおよぼす重力はきわめて弱いため, 星の軌道はほとんど曲がりません。つまり, 近くをすれちがう星と星が引きあって, 星どうしが衝突するとは考えにくいのです。

秒速数百キロですれちがう星を見てみたいね！

第3章　銀河は衝突して進化する

6 星はすれちがえても，ガスは無理

銀河には，水素などの気体が薄く広がっている

　銀河の星と星の間には何もないわけではなく，水素を中心とする気体が，薄く広がっています。これを，「星間ガス」といいます。

　銀河内の星間ガスの平均的な密度は，1立方センチメートルあたり，原子（もしくは分子）1個程度です。銀河と銀河が衝突するとき，星間ガスはぶつかりあい，濃縮されます。その密度は，数万倍にも上昇するといわれています。

衝突で星の材料が濃縮され，星が誕生する

星間ガスは，星の材料となる物質です。星間ガスの密度が一定以上に高まると，ガス自身の重力によってガスのかたまりは収縮をはじめます。そして，星の種である「原始星」ができます。原始星は，周囲のガスを取りこんで成長し，恒星になります。濃縮したガスの中では，このようなしくみで，さかんに星が誕生します。

銀河が衝突すると，二つの銀河の星の数が足し合わされるだけでなく，星の材料が濃縮されることで新たな星がたくさんつくられます。こうして銀河の衝突は，銀河の規模や形を進化させるのです。

第3章 銀河は衝突して進化する

6 銀河の衝突と星間ガスの動き

二つの銀河が衝突し、通り抜けるときの、星間ガスの動きを示しました。衝突によって、星の材料となる星間ガスが濃縮され、さかんに星が誕生します。

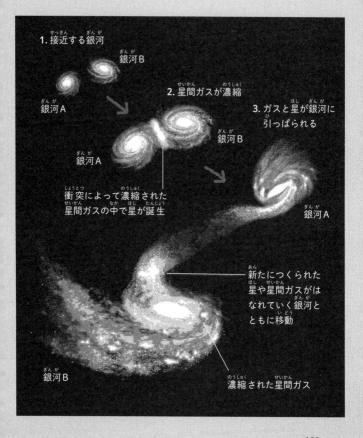

銀紙

　銀河と聞きまちがえてしまうかもしれない言葉に，「銀紙」があります。銀紙とは，アルミ箔に紙を裏打ちしてある紙のことです。

　チョコレートの包み紙には，必ずといっていいほど銀紙が使われています。これは，チョコレートの風味が変化しないようにするためです。チョコレートは，酸素や光にさらされると，風味が変化してしまいます。一方アルミニウムには，空気や光を通さない性質があります。このためチョコレートを銀紙で包み，チョコレートのおいしさがそこなわれないようにしているのです。

　チョコレートを食べる際に，まちがって銀紙をかんでしまい，キーンという刺激を感じたことがある人もいるのではないでしょうか。これは，口の中に

微弱な電流が流れることが原因です。**虫歯の治療で金属製のかぶせものを使っていると，銀紙をかんだ際に，かぶせものと銀紙の間に電流が流れます。**それが，あの嫌な刺激となって感じられるのです。

7 銀河と銀河を衝突させる，黒幕がいる

銀河たちを，引っぱってまとめる力が必要

　星が集まって銀河をつくるように，銀河も集まって「銀河群」や「銀河団」といった集団をつくることが知られています。

　銀河団の中にある銀河を観測すると，さまざまな方向に動いています。運動する銀河たちを，一定の範囲内にとどめて集団を維持するには，銀河たちを引っぱってまとめる力が必要です。銀河たちを引っぱってまとめる力とは，銀河団全体の質量が生みだす重力にほかなりません。

第3章　銀河は衝突して進化する

私たちが観測できない物質が、存在するはず

　1933年，スイスの天文学者のフリッツ・ツビッキー（1898〜1974）は，約3.2億光年の距離にある「かみのけ座銀河団」の質量を推定しました。その結果，銀河の星の質量だけでは，銀河たちをつなぎとめておけないということが判明しました。

　この矛盾を説明するために，ツビッキーは，銀河団には星として見えているもの以外に，私たちが観測できない物質が存在すると主張しました。不足分の質量は，見えない物質の質量だと考えたのです。

銀河の動きが速すぎると、銀河は銀河団の重力を振りきって，外に飛び出してしまうことになるが，そうならないのは，なぜなのか？

7 銀河をまとめる重力

左ページには,銀河団を構成する銀河が,さまざまな方向に運動するようすをえがきました。銀河を集団としてつなぎとめるには,右ページのように,銀河をまとめる強い重力が必要です。

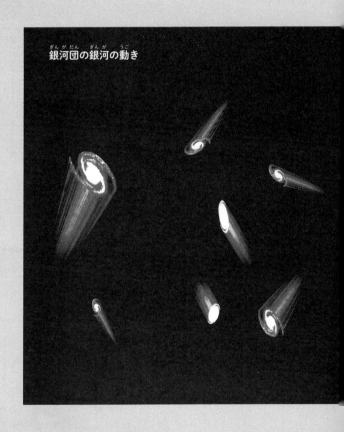

銀河団の銀河の動き

第3章 銀河は衝突して進化する

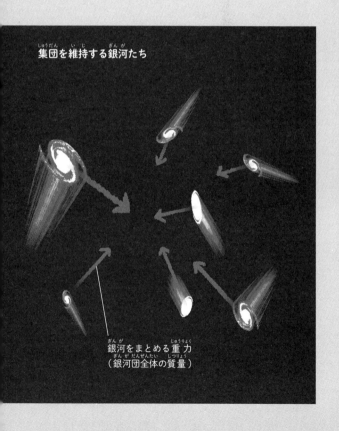

集団を維持する銀河たち

銀河をまとめる重力
（銀河団全体の質量）

8 銀河衝突の黒幕は,
「ダークマター」だった！

ダークマターは, 間接的に存在を知ることができる

1970年代に入ると, 多くの研究者が, ツビッキーが予言した見えない物質の存在を認めるようになりました。この見えない物質は,「ダークマター」とよばれるようになりました。ダークマターを, 直接見ることは不可能です。しかし質量をもち, 周囲に重力をおよぼすので, 間接的にその存在を知ることができるのです。

銀河の動きは, ダークマターの動きに左右される

ダークマターは, 宇宙のどこにでも存在します。ただし, 場所によって, 濃淡があるといいま

第3章 銀河は衝突して進化する

8 銀河を包むダークマター

銀河団の銀河を，あらためてダークマターとともにえがきました。銀河を包むようにかたまりをつくるダークマターを，明るい色のガスのように表現しました。

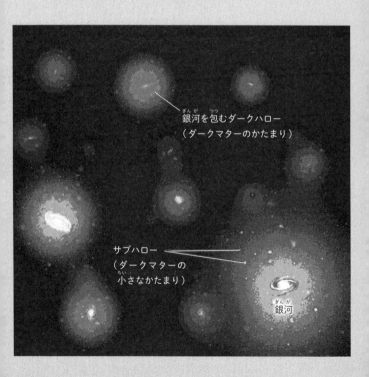

銀河を包むダークハロー
（ダークマターのかたまり）

サブハロー
（ダークマターの小さなかたまり）

銀河

す。ダークマターは、銀河をすっぽりと包みこむように球状にかたまって分布し、銀河の大きさの10倍以上の範囲に広がっていると考えられています。その質量は、中心にある銀河の星の合計質量の、10倍以上になるといいます。そして銀河団も、全体が広くダークマターにおおわれているといいます。

　銀河の動きは、圧倒的な質量をもって銀河を包む、ダークマターの動きに左右されます。**銀河どうしを近づけて集団にするのも、銀河どうしを衝突にみちびくのも、ダークマターなのです。**

銀河団の規模で考えた場合、一般的に、銀河団の質量のおよそ85％がダークマターによるもので、星の質量は2％ほどしかないツムリ。

第3章　銀河は衝突して進化する

memo

9 星も銀河も，ダークマターのおかげで生まれた

重力で濃いところはさらに濃く

　今から約138億年前の誕生して間もない宇宙空間には，ダークマターも普通の物質も，ほぼ一様に分布していたようです。ただし，わずかに濃淡のムラがあったと考えられています。ダークマターがわずかに濃い部分は，周囲よりも重力がわずかに強くなります。その結果，周囲からダークマターが集まってきます。

　ダークマターの集合が進むと，「ダークハロー」とよばれるかたまりができます。ダークハローの中には，水素などの物質が，希薄なガスとして広がっていたと考えられています。

第3章　銀河は衝突して進化する

ダークハローの中心で最初の星が誕生した

　ダークハローの中に広がっていた高温のガスは，少しずつ冷え，ダークハローの中心付近に集まりました。これが，星をつくる材料となりました。こうしてダークハロー中心部に，最初の星が誕生したといわれています。

　もしダークマターが存在しなかったら，星形成に十分な量の物質が集まるまでに，もっと時間がかかったはずです。ダークマターがあったからこそ，今の私たちが存在するといえるのです。

ダークマターがなかったら，人類はまだ存在していなかったかもしれないね。

9 最初の星が生まれるまで

ダークマターや水素などの普通の物質は,最初はほぼ一様に分布したものの,わずかに濃淡のムラがあったと考えられています(1)。このムラが徐々に大きくなり,星が誕生したと考えられています(4)。

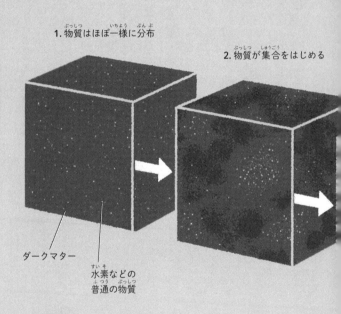

1. 物質はほぼ一様に分布

2. 物質が集合をはじめる

ダークマター

水素などの普通の物質

第3章 銀河は衝突して進化する

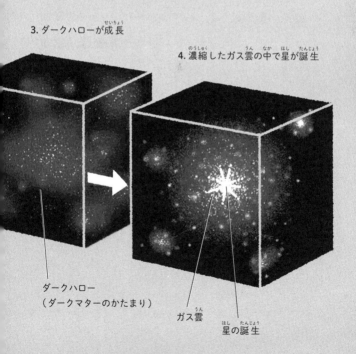

3. ダークハローが成長

4. 濃縮したガス雲の中で星が誕生

ダークハロー
(ダークマターのかたまり)

ガス雲

星の誕生

10 銀河系とアンドロメダ銀河は，もう衝突してる説

銀河の主役は，目に見えないダークハロー

　銀河の動きは，銀河を包むダークハローの動きに左右されます。ダークハローの質量は，銀河の質量の10倍以上もあります。銀河の主役は，目に見える星々ではなく，むしろ見えないダークハローなのだといえます。

　銀河が接近して衝突するのも，ダークハローのしわざです。銀河系とアンドロメダ銀河の接近，衝突も，両銀河を包むダークハローが接近，衝突するからにほかならないのです。

第3章 銀河は衝突して進化する

端のほうでは,ダークハローが衝突しているかも

　銀河系とアンドロメダ銀河の接近と衝突を,両銀河を包むダークハローとともにえがいたものが,140 〜 141ページのイラストです。一般的に,ダークハローは,目に見える銀河の10倍ほどの大きさに広がっているといわれています。銀河を目に見える星々だけでなく,ダークハローも含めて考えるとしたら,実は銀河系とアンドロメダ銀河は,すでに端のほうでは衝突がはじまっているのかもしれません。銀河の成長とは,ダークハローが合体し,成長していくことだといえるのです。

ダークハローどうしが合体したとき,内部に含まれる銀河どうしも必ず衝突するとはかぎらず,複数の銀河が近い距離で共存することもあるのだ。そうしてできた銀河の集団こそが,銀河群や銀河団であると考えられているのだ。

10 ダークハローの衝突と合体

銀河系とアンドロメダ銀河が衝突するまでの過程を，ダークハローとともにえがきました。ダークマターどうしは，ぶつからないと考えられています。そのためダークハローどうしが衝突しても，星間ガスのように濃縮されることはありません。

1. 現在
ダークハローが引きあう

アンドロメダ銀河の
ダークハロー

アンドロメダ銀河

銀河系

銀河系の
ダークハロー

第3章 銀河は衝突して進化する

およそ40億年後,目に見える銀河どうしが衝突したあと,二つの銀河とそれを包むダークハローは,通り抜けては接近するということをくりかえし,一つにまとまっていくと考えられているツムリ。

2. 20億年後
ダークハローがさらに接近

3. 40億年後
目に見える銀河の衝突

アンドロメダ銀河

銀河系

アンドロメダ銀河

銀河系

141

11 ダークマターと銀河が、宇宙に泡をつくった

銀河が多い領域と、ほとんどない領域に分かれる

　今から約138億年前の宇宙誕生以来、小さなダークハローは集合と合体をくりかえし、大きなダークハローへと成長してきました。その過程で星が生まれ、星が集まって銀河となりました。銀河どうしはときに衝突して合体し、ときには衝突することなく近くに集まり、銀河群や銀河団となりました。

　このような、宇宙全体でおきた銀河の壮大な衝突、合体、集合の結果が、右のページでえがいた「宇宙の大規模構造」です。宇宙は、銀河が多く集まっている領域と、ほとんど存在しない領域に、分かれているのです。

第3章 銀河は衝突して進化する

11 宇宙の大規模構造

宇宙規模の銀河の分布を、ダークマターの分布とともにえがきました。ダークマターはガスのような表現でえがいています。このような広範囲の宇宙をえがいた場合、実際には銀河は小さな点にしか見えません。ここでは、銀河の大きさを誇張してえがいています。

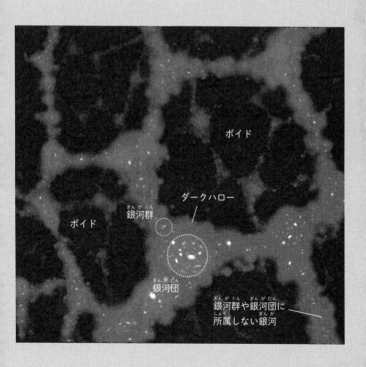

銀河の分布は, ダークマターの分布でもある

　ほとんど銀河がない宇宙の領域は,「ボイド」とよばれます。その大きさは, 数億光年ほどになります。ボイドの周囲には, 銀河群や銀河団, あるいは集団に属さない銀河たちが, ひも状あるいは壁状に分布しています。

　宇宙の大規模構造は, 宇宙における銀河の分布のかたよりを示したものであると同時に, 目に見えないダークマターの分布のかたよりを示したものでもあるのです。

宇宙は, 銀河によってつくられる巨大なネットワーク, いわば巨大な"泡"によって満たされているのだ。この泡のような構造を「宇宙の大規模構造」とよぶのだ(くわしくは第4章で説明します)。

第3章　銀河は衝突して進化する

12 銀河どうしは，どんどん合体！

銀河群や銀河団の銀河は，巨大な楕円銀河になる

　銀河系とアンドロメダ銀河は，衝突して，将来は楕円銀河になると考えられています。同じように，銀河群や銀河団の中で共存している銀河たちも，いずれは衝突し，合体する可能性が指摘されています。

　つまり，銀河群や銀河団の中にある銀河は，将来的に巨大な楕円銀河にまとまっていくというのです。

145

将来は，巨大な楕円銀河がぽつぽつと存在

　しかし，宇宙にあるすべての銀河が，一つにまとまるわけではないようです。なぜなら，宇宙は膨張しているからです。観測によると，宇宙の膨張速度は，時間がたつにつれてどんどん速くなっています。何らかの未知のエネルギーが，宇宙を加速膨張させているらしいのです。

このエネルギーを，「ダークエネルギー」といいます。

　将来の宇宙の姿は，銀河をまとめようとする力と，ダークエネルギーとの力関係によって決まると考えられています。1000億年以上未来の宇宙は，巨大な楕円銀河が広大な宇宙にぽつぽつと存在するような，さびしい宇宙になるとみられています。これが，宇宙での銀河の衝突の，終着点だといえるでしょう。

第3章 銀河は衝突して進化する

12 銀河の合体が進んだ宇宙

1000億年以上未来の,宇宙の想像図をえがきました。現在,銀河群や銀河団の中にある銀河は,巨大な楕円銀河に集約されていきます。一方で,宇宙の膨張によって,遠方の銀河との距離は開いていきます。

最強に面白い 銀河

ツビッキーの見えない物質

スイスの天文学者フリッツ・ツビッキー

約3.2億光年先にあるかみのけ座銀河団の質量を求めた

質量の求め方は二通り

各銀河の運動速度から求める方法と銀河の星の明るさから求める方法だ

その結果各銀河の運動速度から求めた銀河団の質量は銀河の星の明るさから求めた銀河団の質量の400倍もあった

このことからツビッキーは銀河団には見えない物質があると考えた

のちに「ダークマター」とよばれる物質の発見だった

球形のろくでなし

優秀な天文学者であった一方でツビッキーは偏屈な性格だった

自分が認めたくない相手は「球形のろくでなし」という言葉でだれかまわず罵倒した

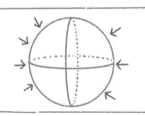

「球形のろくでなし」は球がどこから見ても球に見えるようにあなたはどこから見てもろくでなしだという意味らしい

当然きらわれていた

性格が災いしたのか見えない物質はなかなか受け入れられなかった

第4章

銀河がつくる泡

宇宙で，銀河は無秩序に分布しているわけではありません。直径1億光年にもおよぶ泡のような構造の，膜に相当する部分に，銀河は集中して存在しているのです。第4章では，銀河がつくる泡について，見ていきましょう。

1 宇宙は、銀河の泡でできている！

泡の膜にあたる部分に、銀河が集まっている

宇宙には、無数の銀河があります。銀河は、宇宙でどのように分布しているのでしょうか。

宇宙は、巨大な泡のような構造で満たされています。泡の膜にあたる部分に、無数の銀河が集まっています。そして、泡の内部にあたる部分には、銀河がほとんどありません。一つの泡の大きさは、直径1億光年ほどもあります。

途方もない大きさの泡だね。

第4章 銀河がつくる泡

1 宇宙を満たす巨大な泡

銀河が宇宙にどのように分布しているか、そのイメージを強調してえがきました。大陸が地球の表面にあるように、銀河は泡の表面に分布しています。一方、泡の内側には、ほとんど銀河がありません。泡は無数に存在し、どの方向にも広がっています。

銀河

銀河系も，泡構造の表面にある

　宇宙空間には，銀河がつくる巨大な泡構造が，見渡すかぎりどこまでもつづいているといいます。私たちの住む銀河系も，このような泡構造をなす一つの泡の表面に存在しているといえます。銀河がつくる泡のような構造は，「宇宙の大規模構造」とよばれています。

　無数の銀河がつくる泡とは，どんなものなのでしょうか。

こうした泡がたくさん集まり，くっついてできたものが泡構造なのだ。

第4章 銀河がつくる泡

2 どこまで行っても銀河の泡

細長い構造や，面状の構造がある

　宇宙で最大の構造物である，「大規模構造」を見てみましょう。

　泡の膜にあたる部分に，銀河が集まっています。この部分は，その形に応じて，細長い構造は「フィラメント」，面状の構造は「シート」などに分類されます。なかでもとくに巨大な構造を，中国の「万里の長城」にちなんで，「グレートウォール」とよんでいます。

　一方，泡の内部の，銀河がほとんど存在していない部分は，「ボイド」とよばれています。**となりあう泡が重なっている部分には，たくさんの銀河が高密度に集まっています。**

155

10億光年に達する
グレートウォールもある

　私たちの銀河系は、直径10万光年ほどです。泡構造は、典型的なもので直径1億光年ほどあり、約1000倍もの大きさです。そして、これまでに数個しかみつかっていないグレートウォールは、10億光年に達するものもあります。

　泡構造がいくつもつらなっている右のイラストでは、銀河は点のようにしか見えません。大規模構造は、どこまでもつづいています。

となりあう泡が重なっている部分には、たくさんの銀河が高密度に集まっているのだ。このような部分は、「銀河団」とよばれたり、もっと大きな場合は「超銀河団」、さらに大きな場合は「超銀河団複合体」とよばれたりする場所になるのだ。

第4章 銀河がつくる泡

2 宇宙の大規模構造

観測を元にしてつくられた銀河の立体地図や,コンピューターシミュレーションを参考にしてえがいた,宇宙の大規模構造です。銀河がつくる泡構造が何重にも重なっています。銀河の大きさは,誇張してえがいています。

たくさんの泡がつらなっているように見えるツムリ。

3 銀河がどう散らばっているかは，謎だった

銀河の概念が確立されたのは，100年ほど前

大規模構造が発見される前は，銀河が宇宙空間にどのような規則にしたがって散らばっているか，わかっていませんでした。

銀河という概念が確立されたのは，わずか100年ほど前のことです。望遠鏡で夜空を見ると，銀河系内の星々に混ざって，ぼんやりした広がりをもった光が見えます。ぼんやりと広がった光は，かなりのものが，銀河系から遠くはなれたところにある銀河です。これらが銀河系の外にある，銀河系とは別の星の集団であることがわかったのは，1924年のことでした（第1章32ページ参照）。

第4章 銀河がつくる泡

3 銀河の分布を知るむずかしさ

宇宙空間に、たくさんの銀河が散らばって見えているようすをえがきました。一見したところ、銀河は不規則に分布しているように見えます。

銀河系　　地球　　アンドロメダ銀河

1924年に、銀河が銀河系の外に無数に存在しているとわかったのは、それまでの天文学を書きかえる大発見だったのだ。

望遠鏡で見ても，銀河までの距離はわからない

銀河は，夜空のどの方向を見ても存在しています。一見すると，位置に規則性はないように見えます。

銀河の分布を調べるためには，それぞれの銀河がある方向と，銀河までの距離を明らかにする必要があります。しかし，単に夜空に望遠鏡を向けるだけでは，その銀河までの距離はわかりません。そのため，宇宙空間の中で，銀河がどのように分布しているのかは，わからなかったのです。

銀河までの距離がわからなければ，銀河の分布を調べようがないね。

第4章　銀河がつくる泡

4 スティックマンやグレートウォールを発見

銀河までの距離を、一つ一つ地道にはかる

　銀河までの距離をはかるには、「分光観測」という特殊な観測を行う必要があり、時間がかかります。分光観測とは、天体からの光を、波長ごとに分けて観測することです。

　1970年代後半になって、地球から銀河までの距離を一つ一つ地道にはかる研究がはじまり、銀河は宇宙にかたよって存在していることがわかりました。これは、当時の天文学の常識をくつがえす、大発見でした。

161

壁のような構造や，銀河が少ない領域がみつかった

　アメリカの天文学者のマーガレット・ゲラー（1947〜　）とジョン・ハクラ（1948〜2010）は，分光観測を行い，たくさんの銀河がつらなってできた構造を発見しました。**棒をもった人型のように見える「スティックマン」や，壁のような構造である「グレートウォール」です。**また，銀河が少ない領域である，「ボイド」があることもわかりました。

　こうしてゲラーとハクラによって，銀河が宇宙空間にどのように分布しているか，明らかにされたのです。

右ページのイラストは，「Cfaサーベイ」によってつくられた「銀河の地図」を元にしてえがいたものだツムリ。「Cfa」は，ゲラーとハクラが所属するハーバード・スミソニアン天体物理学センターの略称なんだツムリ。

第4章 銀河がつくる泡

4 銀河でできた構造物

イラストは，ゲラーとハクラが発見した，スティックマンとグレートウォールをえがいたものです。扇形の部分は，宇宙を一つの面でスライスしたものです。半径は6億5000万光年あります。扇形の中央にある，棒を振り上げた人のように見える構造が，スティックマンです。

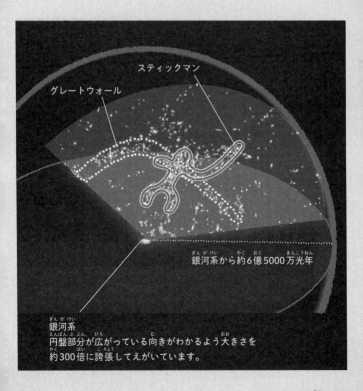

グレートウォール
スティックマン

銀河系から約6億5000万光年

銀河系
円盤部分が広がっている向きがわかるよう大きさを約300倍に誇張してえがいています。

5 奥につづいていた グレートウォール

どこまでもつづく大規模構造

　銀河の分布について，さらに広範囲の観測が進められると，1989年にみつかったグレートウォールは，より大きな構造の一部であることがわかってきました。宇宙には，見渡す限り，大規模構造がどこまでもつづいていたのです。

広範囲の観測で「宇宙の泡構造」が見えた！

　右ページの画像は，2000年代にはじまった「SDSS」という天文観測プロジェクトで得られた銀河の地図です。画像の明るい点は，銀河の位置をあらわしています。無数の銀河が，泡構造の膜をつくっていることがわかります。

第4章 銀河がつくる泡

5 銀河の立体地図

下は、SDSSの観測結果をもとにつくられた銀河の立体地図です。この地図は、奥行方向にも銀河の点があるので、泡が重なって、泡の形がわかりにくくなっています。

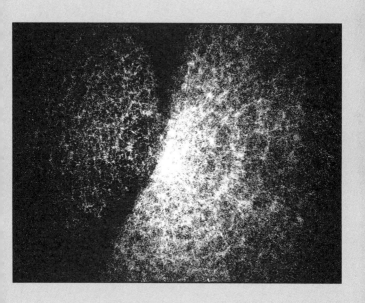

一つ一つの銀河について、距離をはかって地図をつくったのか。たいへんな作業だね。

SDSSは，地球の夜空の約25％を観測して，1億個以上の天体の明るさや位置を観測しました。**そして，100万個以上の銀河までの距離をはかることで，宇宙の大規模構造を可視化しました。**

　165ページの画像では，地球から遠いほど銀河が少なくなっているように見えます。これは，地球から遠くに存在する銀河ほど，地球にとどく光が暗くなり，観測しにくくなるためです。

SDSSは「Sloan Digital Sky Survey」の略なのだ。

第4章　銀河がつくる泡

memo

いったい銀河は何個あるの？

博士，宇宙に銀河はいくつあるんですか？

2016年のNASAの発表によると，観測できる範囲だけで，少なくとも2兆個はあるとのことじゃ。

そんなに！　どうやって数えたんですか？

望遠鏡でとらえたせまい領域の宇宙の写真を元に，銀河の3次元の分布図をつくったのじゃ。その分布図と新しい数学モデルを使って，今までとらえることができなかった銀河の数も，算出できるようになったのじゃよ。

実際に数えたわけではないんですね。

うむ。しかも，観測できない遠くの宇宙については，まだよくわかっておらん。観測でき

る範囲の外にも，銀河や銀河の泡はつづいていると考えられておるぞ。

ひぇ～。

6 銀河の泡に, 種がみつかった！

初期宇宙の光は, 「マイクロ波」という光で届く

　宇宙は、今から約138億年前に誕生したと考えられています。いちばん遠くに、138億年前の初期宇宙のようすが見えます。この初期宇宙のようすは、138億年かけて今地球に届く、初期宇宙の光を観測すると見ることができます。初期宇宙の光は、「マイクロ波」という光で届くので、「宇宙マイクロ波背景放射」とよばれています。

たとえば、地球から約1億5000万キロメートルはなれている太陽の光は、約8分かけて届く。つまり、地球からは約8分前の太陽の姿が見えているのだ。このように、地球から遠くはなれた宇宙を見ることは、昔の宇宙を見ることになるのだ。

第4章　銀河がつくる泡

初期宇宙の，物質の密度の濃淡が みつかった

　宇宙の大規模構造がみつかったとき，多くの科学者は，誕生したばかりの宇宙に大規模構造の起源があったはずだと考えました。宇宙マイクロ波背景放射は，1965年には発見されていました。しかし，宇宙マイクロ波背景放射を観測しても，大規模構造の種らしきものは，なかなかみつかりませんでした。

　1992年に，高い精度をもつ観測衛星「COBE」によって，宇宙マイクロ波背景放射のわずかな濃淡がみつかりました。それは，初期宇宙の物質の密度の濃淡でした。これが，大規模構造の種だと考えられました。そして，どうすればこのわずかな濃淡が大規模構造に成長するのかという，次の謎がもちあがってきました。

171

6 初期宇宙のようす

イラストは,遠く(右)を見るほど昔の宇宙を見ることができることをあらわしています。近くの宇宙は,大規模構造ができている最近の宇宙です。右に行くほど,宇宙の歴史をさかのぼっていきます。右端の面に,宇宙マイクロ波背景放射を示しました。イラストでは,初期の銀河を誇張してえがいています。

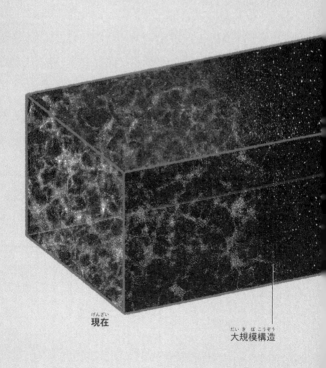

現在

大規模構造

第4章 銀河がつくる泡

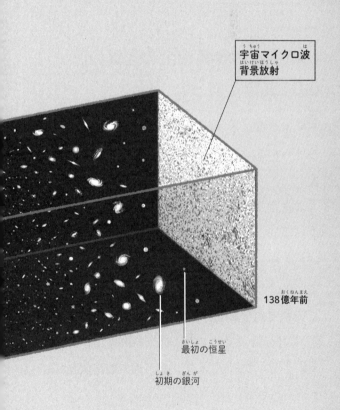

7 物質のムラが, 銀河の泡に成長した

初期宇宙の物質密度の差は, 0.01％ほどだった

宇宙がはじまったころの宇宙は, 現在の宇宙とはちがい, 非常に均一だったと考えられています。

宇宙マイクロ波背景放射の観測によって, 宇宙誕生から約37万年後の宇宙の物質密度は, 濃いところと薄いところで, 0.01％ほどしかちがっていなかったことがわかりました。この初期宇宙のわずかな密度の差が, 大規模構造の種になりました。わずかな密度の差が時間がたつにつれ大きくなっていくことで, 銀河や大規模構造が生まれたのです。

第4章　銀河がつくる泡

密度が高い領域は，周囲の物質を強く引きつける

　初期宇宙の状態が明らかになると，現在の大規模構造ができる過程をシミュレーションで再現できるようになりました。

　初期宇宙の密度がわずかに高い領域は，物質どうしにはたらく重力が周囲よりも大きいために，周囲の物質を少し強く引きつけます。逆に，密度がわずかに低い領域は，さらに希薄になります。こうして，わずかな密度の差が成長していき，大きなボイドと銀河や銀河団ができ，大規模構造がつくられたと考えられているのです。

宇宙がはじまったころは，星や銀河がなく，宇宙全体に熱いガスが満ちた「火の玉状態」だったと考えられているツムリ。

7 大規模構造への成長

非常に均一な初期の宇宙から、現在の星や銀河のある多様な宇宙ができるまでをえがきました。わずかに密度の高いところが重力によって物質を引きつけ、やがてそこに星や銀河ができました。そして大規模構造へと成長していきました。

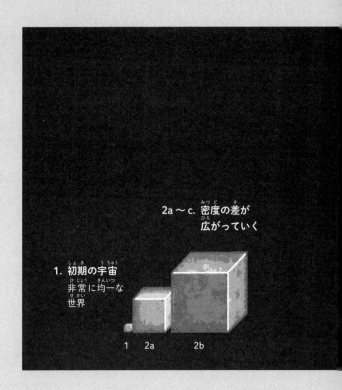

第4章　銀河がつくる泡

初期の宇宙には,物質がほぼ均一に分布していたが,場所によって密度にわずかなちがいがあったのだ(1)。密度が高い領域は重力で周囲の物質を引きつけ,より密度が高くなる。密度が薄い領域は,さらに希薄になるのだ(2a～c)。やがて,密度が高い領域で星や銀河ができる(3)。こうして,銀河が泡の膜のように分布し,その中に巨大なボイドがある大規模構造ができたのだ。

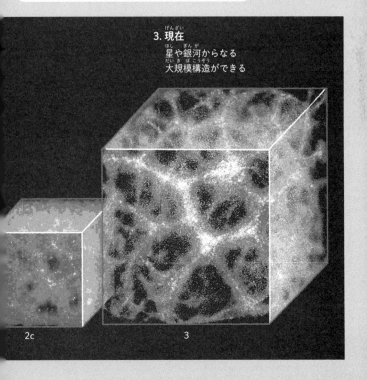

3. 現在
星や銀河からなる
大規模構造ができる

2c　　　3

177

8 銀河の泡は，ダークマターの泡でもある

ダークマターの重力が，さまざまな現象を支配

　宇宙には，原子からなる普通の物質の，5倍以上もの「ダークマター」が存在しています。ダークマターは，大規模構造ができるときに，重要な役割をはたしたと考えられています。

　ダークマターは，目で見ることはできないけれども，重力は周囲におよぼす，正体不明の物質です。ダークマターの重力は，宇宙のさまざまな現象を支配していることが明らかになっています。

第4章 銀河がつくる泡

8 ダークマターの大規模構造

イラストのガスのような部分は，ダークマターの分布をあらわしています。ダークマターも大規模構造をつくっており，銀河や銀河団は，ダークマターのかたまりにうめこまれるように存在しています。

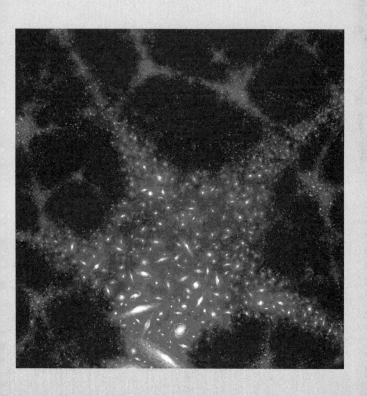

大規模構造にも，ダークマターが分布している

　近年では，光が重力で曲がることによっておきる「重力レンズ効果」などにより，ダークマターの分布がくわしくわかってきました。

　たとえば，銀河の周囲には，ダークマターが球状に分布しており，「ダークハロー」とよばれています。さらに銀河団も，ダークマターで全体が満たされています。そして大規模構造にも，取り巻くようにしてダークマターが分布していることがわかっています。つまりダークマターも，大規模構造をつくっているのです。大規模構造をつくるダークマターのことも，ダークハローとよばれます。

第4章　銀河がつくる泡

9 先に集まりはじめたのは, ダークマター

密度の差は, ダークマターのほうが大きかった

　大規模構造ができるときにダークマターがはたした役割が, わかりつつあります。まずダークマターが先に集まりはじめ, そこに普通の物質が引きよせられたのです。

　宇宙がはじまったころは, 普通の物質やダークマターは非常に均一に広がっていたものの, ごくわずかに密度の差がありました。密度の差は, ダークマターのほうが大きかったと考えられています。そのためまず, ダークマターが重力の作用によってたがいに集まりはじめました。ダークマターのほうが先に集まりはじめたことで, まず, ダークマターからなる構造ができたのです。

181

普通の物質が、ダークマターの内側に入りこんだ

普通の物質は、先に集まったダークマターの重力に引っぱられて、集まりはじめました。普

9 ダークマターがゆりかご

1. ダークマター（灰色）や普通の物質（白色）が、宇宙に均一に分布していた

2. ダークマター（灰色）が先に集まった

第4章 銀河がつくる泡

通の物質はどんどん集まっていき、ダークマターの大規模構造の内側に入りこみました。そして普通の物質がとくに高密度に集まった場所では、星や銀河が誕生しました。こうして、大規模構造は成長していったのです。

ダークマターや普通の物質が、大規模構造を形成していった過程をえがきました。ダークマターは灰色で表現し、普通の物質は白色でえがいています。

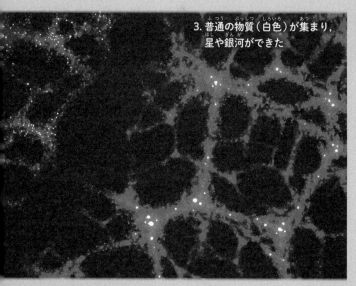

3. 普通の物質（白色）が集まり、星や銀河ができた

宇宙文明の数

私たちの住む銀河系に，電波で地球と通信が行える技術をもった文明がどれくらいあるかを算出する計算式をつくった人がいます。アメリカの天文学者のフランク・ドレイク博士（1930 〜 2022）です。

博士がつくった「ドレイクの方程式」は，銀河系で1年間に生まれる恒星の数や，その恒星が一つ以上の惑星をもつ割合などの，7項目の掛け算であらわされます。博士の計算によると，銀河系には1万3000もの宇宙文明があることになります。ただし不確定な要素も多く，計算結果が何けたも変わる可能性もあります。

実際のところ，銀河系にある宇宙文明の数はわかりません。しかし宇宙文明が発したと考えられ

る電波を探すなどの方法で、宇宙文明をみつけるプロジェクトは盛んに行われています。なお、国際宇宙航行アカデミーが採択した議定書によると、宇宙文明の信号を受信した場合、国際的な協議が行われるまでは返信してはいけないことになっています。

10 宇宙誕生の直後の急膨張が, 種をつくったらしい

誕生直後の宇宙に, 膨大なエネルギーが満ちていた

大規模構造は, 初期宇宙の物質の密度の濃淡が成長してできたとされています。では, その密度の濃淡は, どのようにしてできたのでしょうか。

このことを説明できる仮説として,「インフレーション理論」があります。インフレーション理論によると, 誕生直後の宇宙は空っぽだったにもかかわらず, 空間に膨大なエネルギーが満ちていたと考えられています。そしてこのエネルギーによって, 宇宙はすさまじい急膨張(インフレーション)をおこしたのだといいます。

第4章 銀河がつくる泡

10 ミクロのゆらぎの急膨張

ミクロのゆらぎが、大規模構造の種になるようすをえがきました。急膨張後の宇宙は、ミクロな宇宙にあったわずかなゆらぎの影響で、エネルギーの密度に濃淡ができたと考えられています。

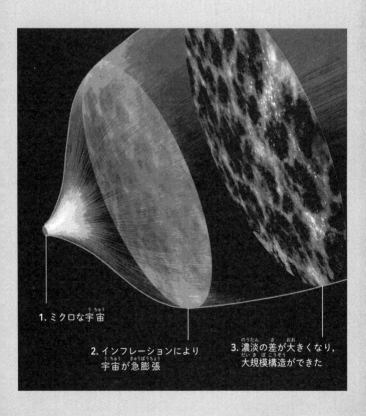

1. ミクロな宇宙
2. インフレーションにより宇宙が急膨張
3. 濃淡の差が大きくなり、大規模構造ができた

ミクロな世界のゆらぎに由来する, 濃淡ができた

　ミクロな世界の物理法則である「量子論」によると, ミクロな世界では, あらゆるものがゆらいでいます。これを,「量子ゆらぎ」といいます。

　インフレーションは, ミクロな世界にしか存在しないはずのエネルギーのゆらぎを, 一気に宇宙スケールに拡大しました。インフレーションが終わると, 空間に満ちていたエネルギーから, 物質が生成されました。その際, ミクロな世界のエネルギーのゆらぎに由来する, わずかな物質の濃淡ができたのです。

インフレーションで, 宇宙空間は1兆分の1×1兆分の1×100億分の1秒間に, 1兆×1兆×100万倍にも膨張したそうだよ。想像もつかないほどの短い時間で, 大きくなったんだね。

第4章　銀河がつくる泡

11 銀河の泡が，この先どうなるかは知らない

ダークエネルギーが
大きくなった場合，ちりぢりに

最後に，大規模構造や宇宙の将来について，紹介しましょう。

誕生以降，宇宙は膨張をつづけています。今から約60億年前以降は，その膨張速度が加速していると考えられています。宇宙の膨張を加速させている正体不明のエネルギーは，「ダークエネルギー」とよばれています。ダークエネルギーの性質は，よくわかっていません。

たとえば，将来，ダークエネルギーが大きくなった場合，宇宙の膨張は今以上に加速していきます。すると，宇宙空間を広げようとする作用が優勢になり，大規模構造をつくる銀河団や銀河がちりぢりになっていくかもしれません。

189

ダークエネルギーが
小さくなった場合，つぶれる

逆に，ダークエネルギーが小さくなると，物質やダークマターの間にはたらく重力が優勢になり，宇宙は加速膨張から減速膨張に転じるといいます。やがて宇宙は膨張をやめて収縮し，ついには宇宙全体が1点に集まってつぶれてしまう可能性もあります。

宇宙の将来の予想にはさまざまなものがあり，結論は出ていないのです。

宇宙に存在する物質をエネルギーに換算してダークエネルギーと比較すると，宇宙に存在するエネルギーのうち，69％をダークエネルギーがしめているというツムリ。ほかは，26％がダークマター，5％が普通の物質。つまり，宇宙の95％が，いまだに正体がわかっていないものでできているというツムリ。

第4章 銀河がつくる泡

11 宇宙の将来の予想

宇宙が将来どうなるのかについて、最も極端な二つのシナリオをえがきました。このイラストでは、下から上に向かって時間が進んでいます。膨張して引き裂かれるシナリオは「ビッグリップ」、1点に集まってつぶれるシナリオは「ビッグクランチ」とよばれています。

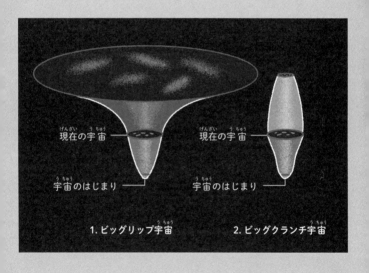

1. ビッグリップ宇宙
2. ビッグクランチ宇宙

ビッグリップのシナリオでは、銀河も星も、生物も、最後には原子までもばらばらになると予想されているぞ。

さくいん

A〜Z

Cfa サーベイ ················· 162
COBE ························· 171
SDSS ···················· 164 〜 166

あ

天の川 ········· 2, 14 〜 16, 26,
　　　29, 34, 35, 53, 68, 94
天の川銀河 ·····15, 16, 107
アリスタルコス ················· 102
アルマゲスト ····················· 72
泡構造（宇宙の泡構造）
　　········ 154, 156, 157, 164
暗黒星雲 ················· 29, 96
アンドレア・ゲズ ···········54

い

インフレーション理論 ·····186

う

ウィリアム・ハーシェル
　········· 11, 23 〜 30, 32,
　　　　　39, 62, 63
渦巻銀河 ········· 31, 36 〜 39,
　　　48, 50, 51, 106,
　　　107, 113, 115, 117
宇宙マイクロ波背景放射 ······
　　　　　170 〜 174

腕 ··················· 37, 48, 50,
　　　94 〜 96, 117

え

エドウィン・ハッブル ······32

お

オリオン座腕 ············· 95, 96

か

かみのけ座銀河団 ····127, 148
ガリレオ・ガリレイ ··········· 14

き

球状星団 ·················· 22, 58
局部（所）銀河群 ··········· 108
銀河群 ··············· 126, 139,
　　　　142 〜 145, 147
銀河団 ········· 126 〜 129, 131,
　　　132, 139, 142 〜 145,
　　　147, 148, 156, 175,
　　　179, 180, 189

く

グレートウォール
　············ 155, 156, 161 〜 164

け

原始星 ························· 122

こ

固有運動……………………78

さ

歳差運動……………………82

し

シート………………………155
重力レンズ効果……………180
ジョン・ハクラ……162, 163

す

スティックマン……161 〜 163

せ

星雲………………11, 30, 94
星間ガス……………………107,
121 〜 123, 140
星表…………………………103
セファイド変光星…98 〜 101

た

ダークエネルギー……………
146, 189, 190
ダークハロー……………………
59, 60, 131, 134,
135, 137 〜 143, 180
ダークマター………59, 60,
99, 107, 130 〜 132,

134 〜 137, 140, 142 〜 144,
148, 178 〜 183, 190
大規模構造（宇宙の大規模
構造）……………142 〜 144,
154 〜 158, 164, 166,
171, 172, 174 〜 181,
183, 186, 187, 189
楕円銀河………………36 〜 38,
54, 111, 113, 145 〜 147

ち

超銀河団……………………156
超銀河複合体………………156

て

天球図………………69, 71
天文学の大論争……………30

と

ドレイクの方程式…………184

は

バルジ…………15, 17, 37,
44, 51, 117

ひ

ヒッパルコス…………102, 103

ふ

フィラメント………………155

193

さくいん

不規則銀河 .... 36 〜 38

プトレマイオス 72

フランク・ドレイク 184

フリッツ・ツビッキー

.... 127, 130, 148, 149

分光観測 161, 162

ほ

ボイジャー1号 87

ボイド 143, 144, 155,
162, 175, 177

棒渦巻銀河 16, 31,
37, 38, 107

棒状構造 17, 37, 38, 51

北極点 81, 82

ま

マーガレット・ゲラー

.... 162, 163

マイクロ波 170

や

ヤン・オールト 39

ら

ラインハルト・ゲンツェル

.... 54, 56

り

量子ゆらぎ 188

量子論 188

194

memo

シリーズ第35弾!!

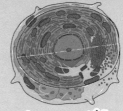

ニュートン超図解新書
最強に面白い
人体と細胞

2024年12月発売予定　新書判・200ページ　990円（税込）

　一説によると，ヒトの成人の体には，およそ37兆個の細胞があるといいます。自分の体が，37兆個もの細胞が集まったものだなんて，おどろきませんか？

　しかも37兆個の細胞は，どれも同じというわけではありません。ヒトの体の細胞は，数百種類に分類できるといわれています。皮膚で刺激を感じとる細胞，胃で胃酸を噴きだす細胞，伸び縮みする筋肉の細胞，目で光をとらえる細胞……。体のことなる場所にある個性豊かな細胞が，それぞれの役割を果たすことで，私たちの命は支えられているのです。

　本書は，2022年6月に発売された，ニュートン式 超図解 最強に面白い!!『人体と細胞』の新書版です。人体で活躍する個性豊かな細胞たちについて，"最強に"面白く紹介します。どうぞご期待ください！

最強にわかりやすいボウ！

主な内容

ヒトの細胞の基本構造

細胞は生物の基本単位。大きさも形もいろいろ！
これが細胞の構造！ 中に小さな器官がある
これこっち！ タンパク質の物流センター，ゴルジ体

人体の多種多様な細胞たち

たった一つの受精卵が，いろいろな細胞へ変化する
アチ！ 皮膚には，刺激を感じとる細胞がある
びっしり。小腸の細胞は，1000本の毛をもつ

細胞の老化とがん化

がん細胞は，いくらでも分裂できる
細胞のDNAに傷がたまると，がんになる
がんにも，がん幹細胞があるらしい

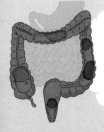

よそものの細胞，常在菌

人体には，数十兆個もの細菌がすんでいる
病原菌にアタック！ 小腸の常在菌が免疫細胞と協力
大腸の常在菌は，肥満もおさえてくれる

Staff

Editorial Management	中村真哉
Editorial Staff	道地恵介
Cover Design	岩本陽一
Design Format	村岡志津加（Studio Zucca）

Photograph

37	NASA,ESA,and the Hubble Heritage Team (STScI/AURA), ESO, Bill Schoening,Vanessa Harvey/REU program/NOAO/AURA/NSF, NASA,ESA,and the Hubble Heritage Team (STScI/AURA), NOAO/AURA/NSF
113	NASA,ESA,and The Hubble Heritage Team (STSci/AURA)
165	Mitaka: 2005 Tsunehiko Kato, ARC and SDSS, 4D2U Project, NAOJ, Takahiko Matsubara

Illustration

表紙カバー	羽田野乃花さんのイラストを元に 佐藤蘭名が作成	117〜163	羽田野乃花
		169〜173	羽田野乃花
表紙	羽田野乃花さんのイラストを元に 佐藤蘭名が作成	176〜177	黒田清桐さんのイラストを元に 羽田野乃花が作成
11〜35	羽田野乃花	179〜185	羽田野乃花
41〜67	羽田野乃花	187	黒田清桐さんのイラストを元に 羽田野乃花が作成
71, 73	奥本裕志さんのイラストを元に 羽田野乃花が作成	191	羽田野乃花
75〜111	羽田野乃花		

監修（敬称略）：
　　渡部潤一（国立天文台天文情報センター長・上席教授，総合研究大学院大学天文科学コース
　　教授。理学博士。）

本書は主に，Newton 別冊『銀河のすべて 増補第2版』の一部記事を抜粋し，大幅に加筆・再
編集したものです。

ニュートン超図解新書
最強に面白い　銀河

2024年12月10日発行

発行人	松田洋太郎
編集人	中村真哉
発行所	株式会社 ニュートンプレス　〒112-0012 東京都文京区大塚3-11-6 https://www.newtonpress.co.jp/ 電話 03-5940-2451

© Newton Press 2024
ISBN978-4-315-52869-5